U0052085

Love knit ……

Love knit ……

117款女孩最愛の

一眼就愛上の蕾絲花片！

蕾絲鉤織小物集

攝影 藤本直也

書中收錄了以鉤針編織的各種造型織片，以及
串珠鉤織等花樣織片教學，包含 79 枚基本款＆
38 款應用織片製作的實用小物！
若本書能協助您的鉤織生活，帶來小小靈感，
這就是最讓我高興的事了。

Sachiyo Fukao (AmiAmi ChikuChiku)

受到熱愛手作的母親影響，從小就開始玩鉤針編織，
自編織專門學校畢業後，便在手藝製造商從事商品企劃及編織設計的工作。
現在則以自由編織作家的身分，
於手工藝雜誌刊載設計作品，以及舉行鉤針編織的講習會活動等。
也以 AmiAmi ＊ ChikuChiku 一名，
參與各大活動邀約及雜貨店家的寄賣委託。
於 2007 年 5 月和 2008 年 4 月 NHK 的「おしゃれ工房」
及 2008 年 10 月 NHK 的「ぐるっと関西おひるまえ」節目中登場。
至 2012 為止有 5 間編織教室，每年也舉行數次一日講座。
已出版著作有 Boutique 出版社出版的《可愛鉤織小物創意集》、
《半日手織魔法：鉤針可愛小物》、《鉤針可愛編織生活造型小物 46 款》
及成美堂出版的《3 球毛線鉤織的可愛編織小物》等多本著作。

只需要一片就能夠作為杯墊或桌墊的織片，
裝飾在隨身小物上頭，可以更增添時尚感的織帶和緣飾，
要不要試著用鉤針鉤織看看呢？
將手邊的衣服和小物，加上織片作點小改造，
或是將幾片織片連接起來組合成作品，
讓用途變化多端的蕾絲織片，給妳自由自在的發揮空間。

Contents

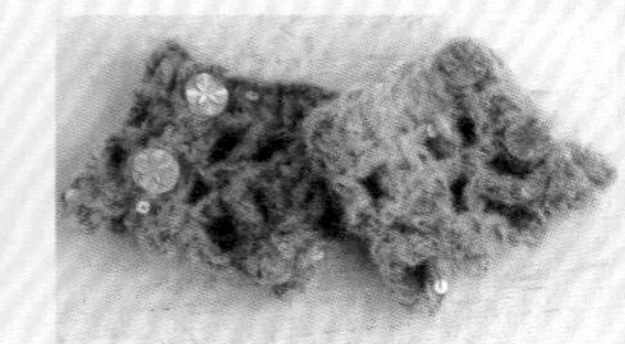

線材提供

Olympus 製絲株式會社
愛知県名古屋市東区主税町 4-92

Hamanaka 株式會社　京都本社
〒 616-8585　京都市右京区花園薮ノ下町 2 番地の 3
網站…http://www.hamanaka.co.jp

株式會社元廣（Ski 毛線）
東京都中央区日本橋浜町 2-38-9

横田株式會社（Daruma 手編線）
大阪市中央区南久宝寺町 2-5-14

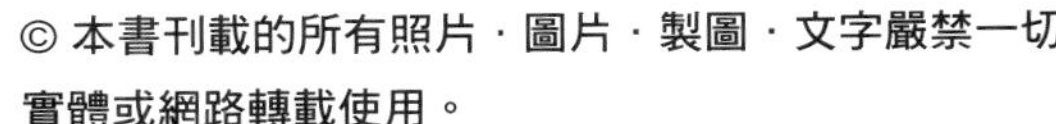

Part I 享受不同形狀の樂趣

從中心部分開始鉤織的
圓形、四角形、六角形、八角形、三角形及橢圓形等，
可享受不同形狀的樂趣＆鳳梨圖案的織片，
將它們拼接在一起製作出實用的作品，
或只要一片，就能夠當作桌墊或杯墊使用。

1
3
2
4

[圓形織片]

No.1 至 *No.4* 織法／P.4

從中心部分有規則的加針，鉤織完成的基本圓形織片。
使用春夏毛線的No.1・No.2，而使用秋冬毛線的No.3・No.4，則是只鉤至織片No.2的一部分。
即便是同一款織片，只要變換線材種類和段數，就會有不同效果。

使用線材
No.1・No.2／Daruma編織毛線
Daruma Café Baby Organic
No.3・No.4／Daruma頂級美麗諾毛線（粗

No.1應用款→P.75-No.111

6
5
7

No.5 至 *No.7* 織法／P.4

使用春夏毛線鉤織的No.5 & No.6，
使用秋冬毛線鉤至織片No.6第4段的No.7。
每一款都呈現了放射狀的可愛花瓣圖案。

使用線材
No.5・No.6／Daruma編織毛線
Daruma Café Baby Organic
No.7／Daruma頂級美麗諾毛線（粗）

No.6應用款→P.74-No.109

P.2・P.3 *No.1*至*No.7*

＊使用線材

Daruma Café Baby Organic

No.1 原色（1）7g

No.2 原色（1）6g

No.5 原色（1）6g

No.6 原色（1）7g

Daruma頂級美麗諾毛線（粗）

No.3 原色（1）5g

No.4 原色（1）4g

No.7 原色（1）7g

＊工具

No.1・*No.2*・*No.5*・*No.6* 5/0號鉤針

No.3・*No.4*・*No.7* 7/0號鉤針

＊完成尺寸

No.1・*No.6*・*No.7* 直徑11.5cm

No.2・*No.3*・*No.5* 直徑10cm

No.4 直徑8cm

＊織法

No.1・*No.5*・*No.6*・*No.7*

輪狀起針鉤織織片。

No.2・*No.3*・*No.4*

以鎖針的輪狀起針鉤織織片。

*No.1*的織法，
請參考P.100圖片說明。

_No.1_ 織圖
5/0號鉤針

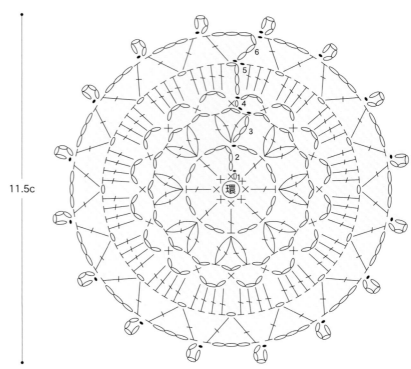

11.5c
環
1
2
3
4
5
6

_No.2_・_No.3_・_No.4_ 織圖
No.2 5/0號鉤針
No.3・*No.4* 7/0號鉤針

● ＝不挑束而是挑鎖針半針與裡針鉤引拔針

※第5段長針2針的玉針是挑×的短針鎖狀針頭2條線。

No.2 10c
No.3 10c
No.4 8c
5針
1
2
3
4
5

※*No.2* 鉤至第5段，
No.3 鉤至第4段，
No.4 鉤至第3段。

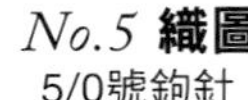

No.5 織圖
5/0號鉤針

● =不挑束而是挑鎖針半針與裡針鉤引拔針。

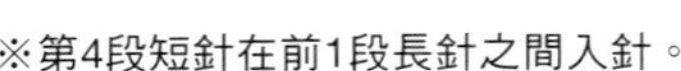

※第4段短針在前1段長針之間入針。

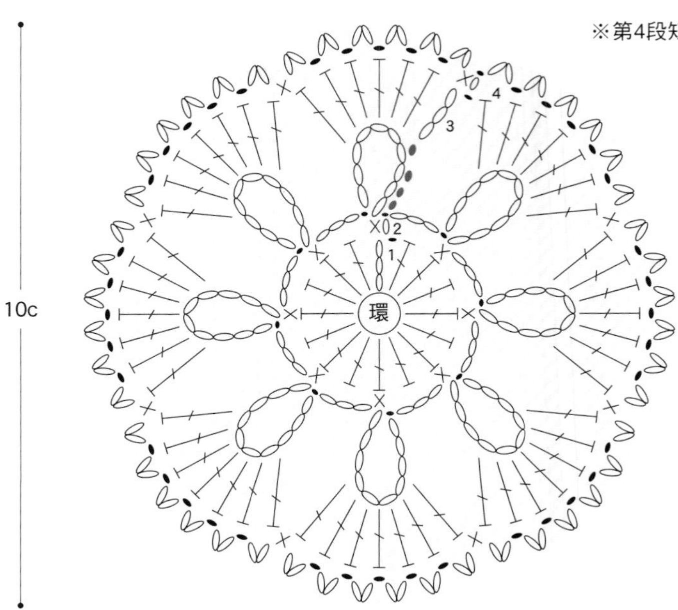

10c
環
1
2
3
4

No.6・*No.7* 織圖
No.6 5/0號鉤針
No.7 7/0號鉤針

No.6
11.5c
No.7
11.5c
環
1
2
3
4
5

※*No.6*鉤至第5段，
*No.7*鉤至第4段。

8

[四角形織片]

9

10

No.8 至 *No.10* 織法／ P.8

從中心線圈開始單面鉤織，鉤接容易的四角形織片。
No.8利用長針鉤出宛如浮雕般的4片漂亮花瓣，
No.9是朝四角鉤織中長針的變形玉針花樣，在最後一段換顏色，
No.10則是使用秋冬毛線鉤至No.9的第3段。

使用線材
No.8・No.9／Daruma向陽有機棉線
No.10／Daruma頂級美麗諾毛線（粗）

No.8應用款→P.69 - No.103
No.9應用款→P.73 - No.108

11

13

12

No.11 至 No.13 織法／P.8

在第2段緊密的鉤織出變形中長針玉針花樣的No.11，以圓潤線條帶給人柔和印象的No.12，較小的No.13則是使用秋冬毛線鉤至No.12的第3段。

使用線材

No.11・No.12／Daruma向陽有機棉線

No.13／Daruma頂級美麗諾毛線（粗）

No.11應用款→P.72 - No.106・No.107

No.12應用款→P.70 - No.104

P.6・P.7 *No.8*至*No.13*

＊使用線材

Daruma向陽有機棉線
No.8 原色（2）7g
No.9 薄荷綠（11）5g　原色（2）2g
No.11 原色（2）5g
No.12 薄荷綠（11）5g
Daruma頂級美麗諾毛線（粗）
No.10 淺灰色（11）4.5g
No.13 淺灰色（11）3.5g

＊工具

No.8・*No.9*・*No.11*・*No.12* 鉤針4/0號
No.10・*No.13* 鉤針7/0號

＊完成尺寸

No.8・*No.11* 直9.5cm 寬9.5cm
No.9 直10cm 寬10cm
No.10・*No.13* 直8.5cm 寬8.5cm
No.12 直10.5cm 寬10.5cm

＊織法

作輪狀起針鉤織織片。

No.8 **織圖**
4/0號鉤針

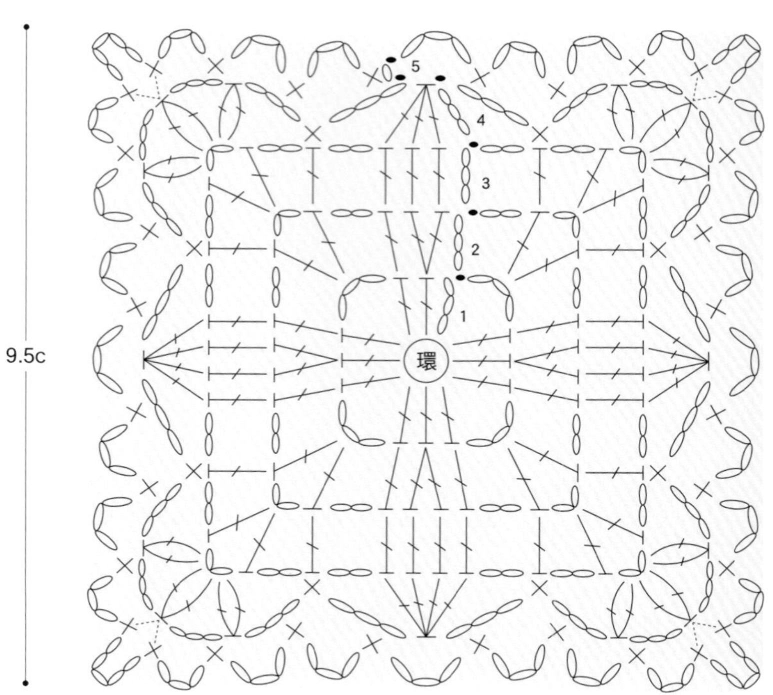
9.5c
環
1
2
3
4
5

No.9・*No.10* **織圖**
No.9 4/0號鉤針
No.10 7/0號鉤針

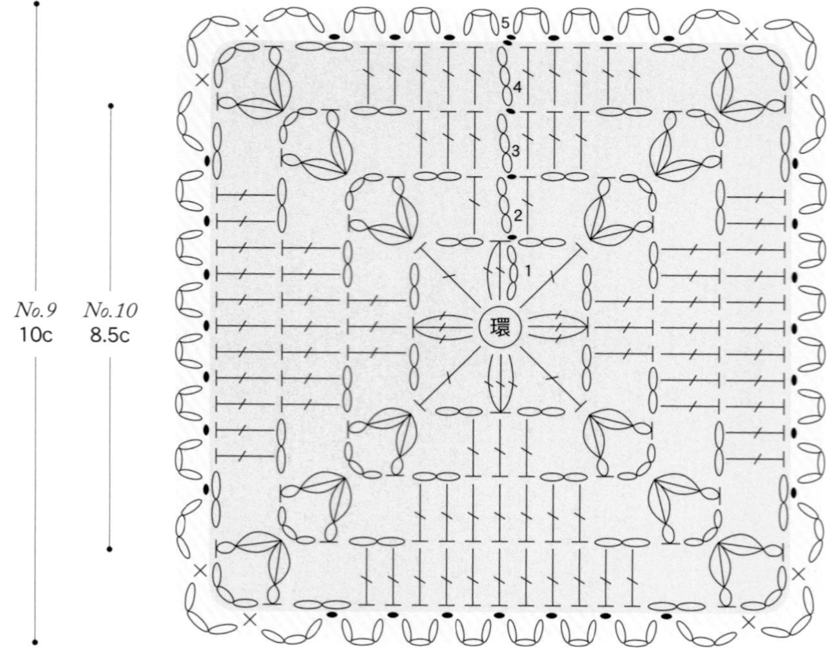
No.9
10c
No.10
8.5c
環
1
2
3
4
5

No.9 **配色**

1至4段	薄荷綠色
5段	原色

※*No. 9* 鉤至第5段，
No.10 鉤至第3段。

No.11 織圖

4/0號鉤針

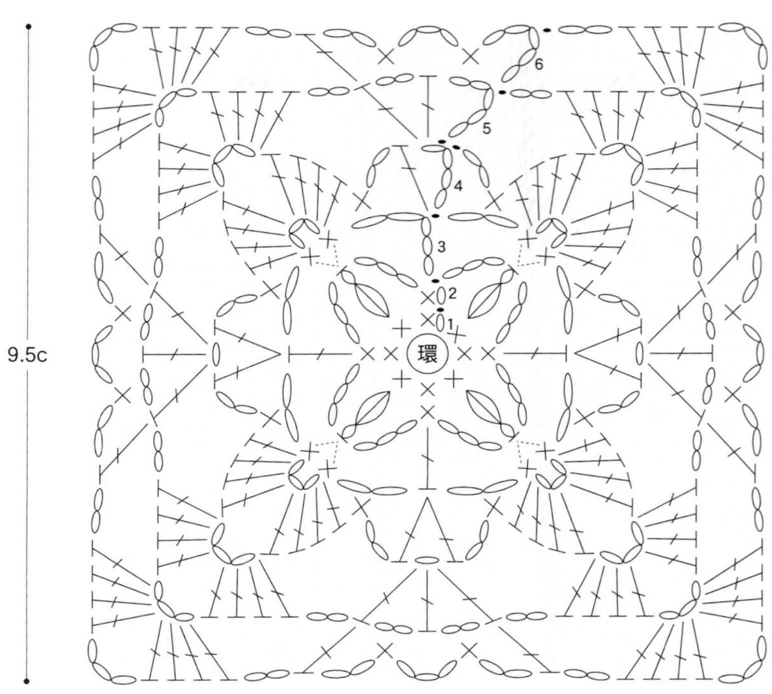

9.5c
環
1
2
3
4
5
6

No.12・*No.13* 織圖

No.12 4/0號鉤針
No.13 7/0號鉤針

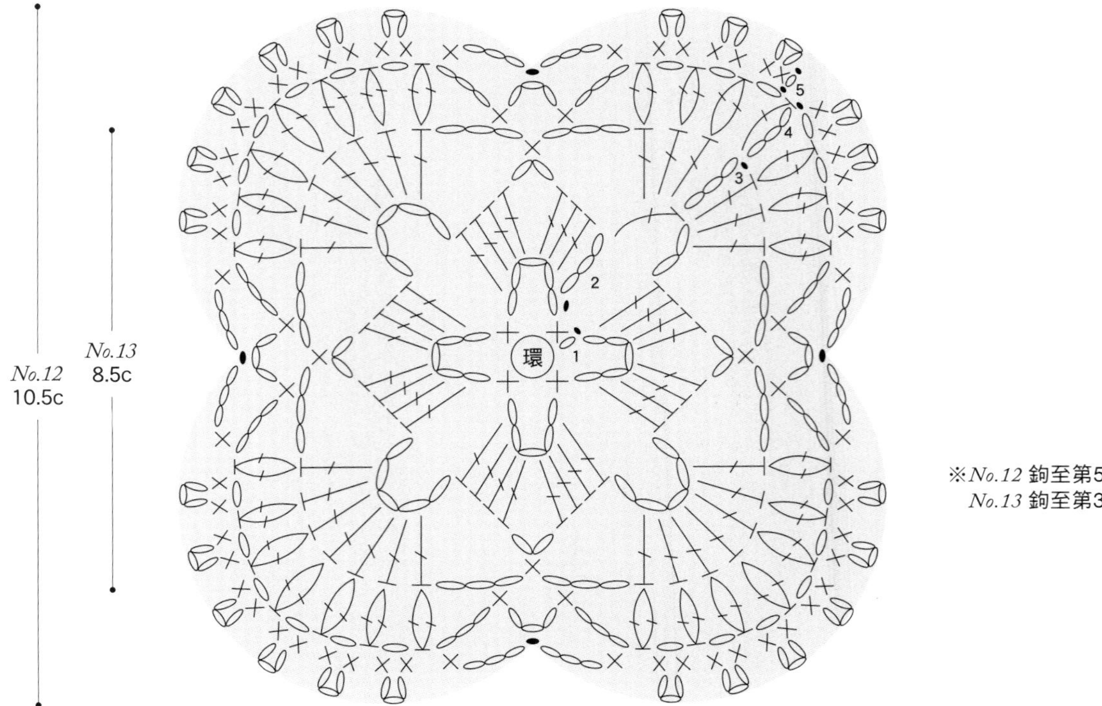

No.12
10.5c
No.13
8.5c
環
1
2
3
4
5

※*No.12* 鉤至第5段，
No.13 鉤至第3段。

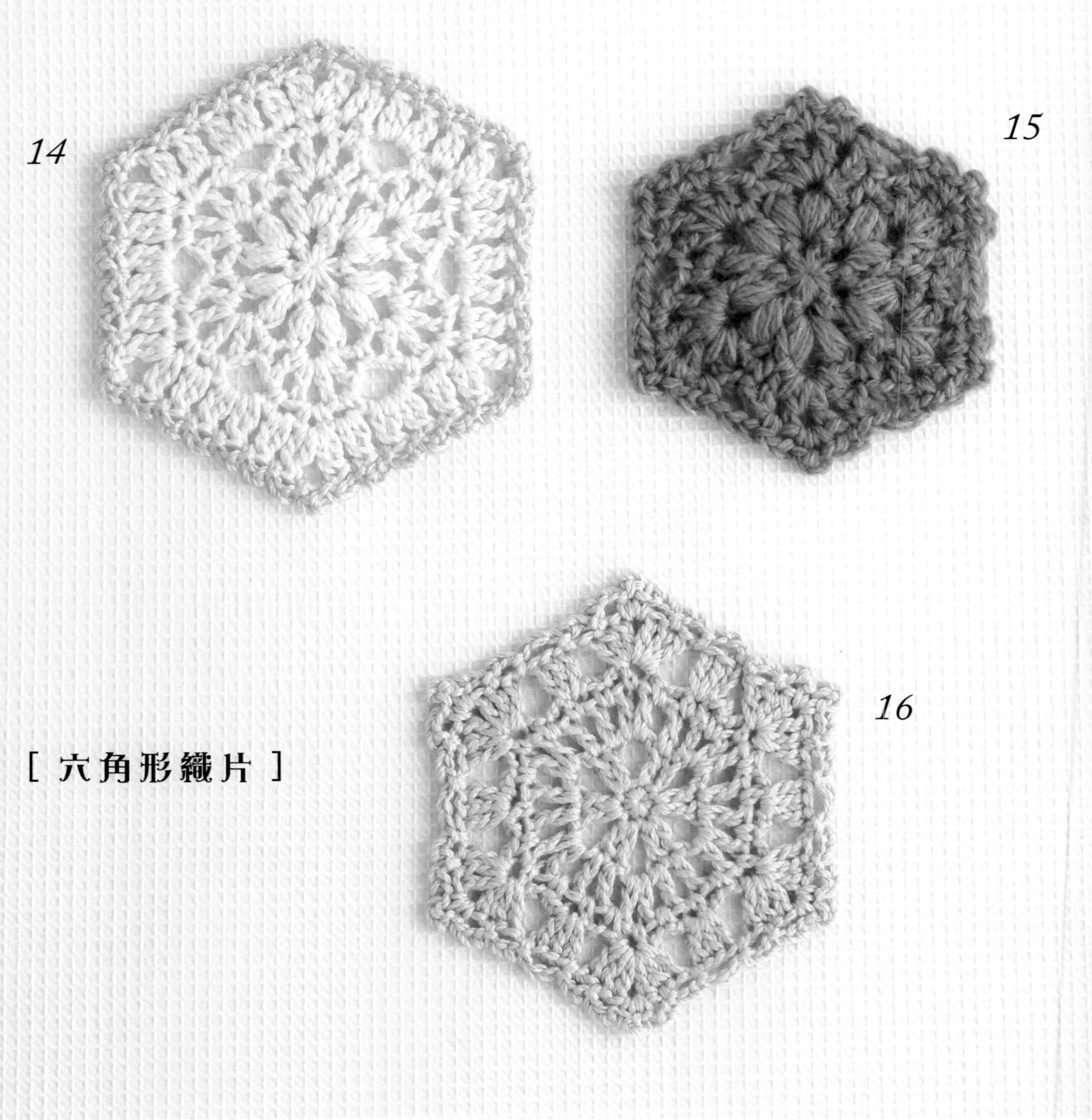
14
15
16
[六角形織片]

No.14 至 *No.16* 織法／ P.12

圖案俐落容易鉤接，輪廓鮮明的六角形織片。

No.14的織片只在最後一段換顏色，

而以秋冬毛線鉤織的No.15則是鉤至No.14的第4段。

使用線材

No.14・No.16／Olympus毛線 Wafers

No.15／並太毛線

No.14應用款→P.71 - No.105

17

18

19

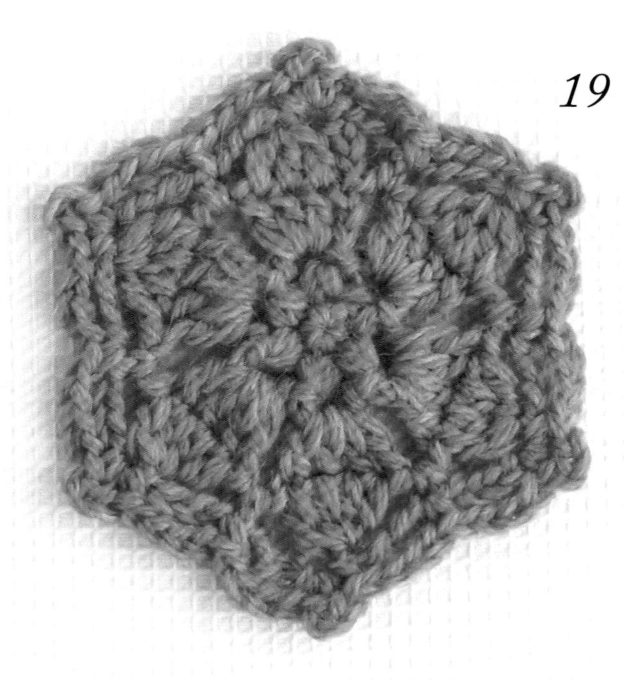

No.17至No.19 織法／P.12

在轉角處鉤織結粒針讓尖角更加立體，
如同雪花結晶般的圖案織片，
No.19使用秋冬毛線鉤至No.18的第5段。

使用線材
No.17・No.18／Olympus毛線　Wafers
No.19／並太毛線

P.10・P.11 *No.14*至*No.19*

＊使用線材

Olympus毛線 Wafers

No.14 原色（1）7g 象牙色（2）3g

No.16 米黃色（3）7g

No.17 米黃色（3）7g

No.18 原色（1）5g

並太毛線

No.15 鮭紅色 6g

No.19 鮭紅色 6g

＊工具

No.14・*No.16*・*No.17*・*No.18* 鉤針4/0號

No.15・*No.19* 鉤針6/0號

＊完成尺寸

No.14 直徑11.5cm

No.15・*No.19* 直徑9.5cm

No.16 直徑11cm

No.17・*No.18* 直徑10cm

＊織法

No.14・*No.15*・*No.16*・*No.18*・*No.19*

作輪狀起針鉤編織片。

No.17

以鎖針的輪狀起針鉤編織片。

No.14・*No.15* **織圖**

No.14 4/0號鉤針

No.15 6/0號鉤針

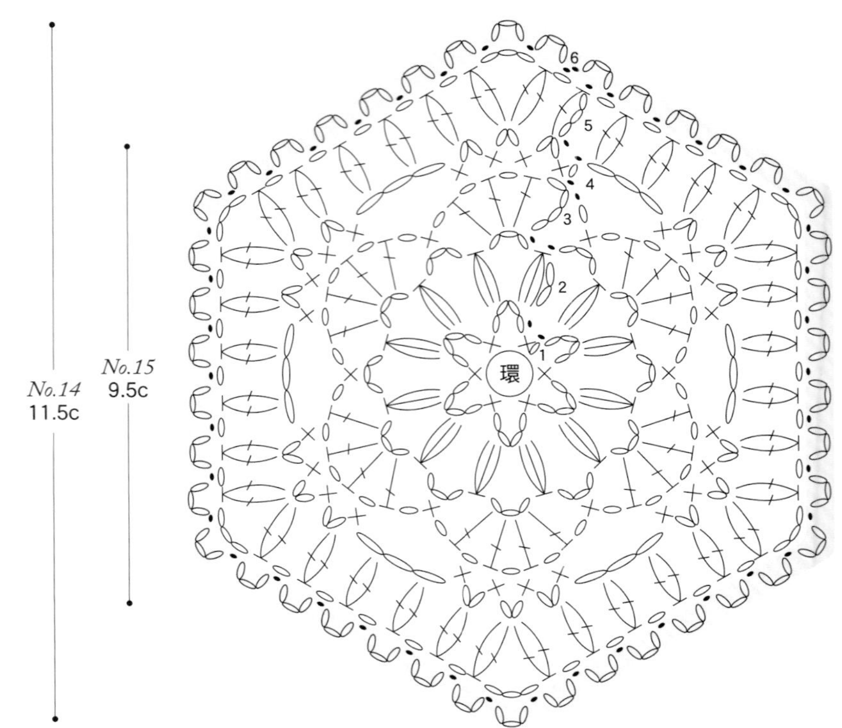

No.14
11.5c
No.15
9.5c
環
1
2
3
4
5
6

※*No.14* 鉤至第6段，
No.15 鉤至第4段。

No.14 **配色**

1至5段	原色
6段	象牙色

No.16 **織圖**

4/0號鉤針

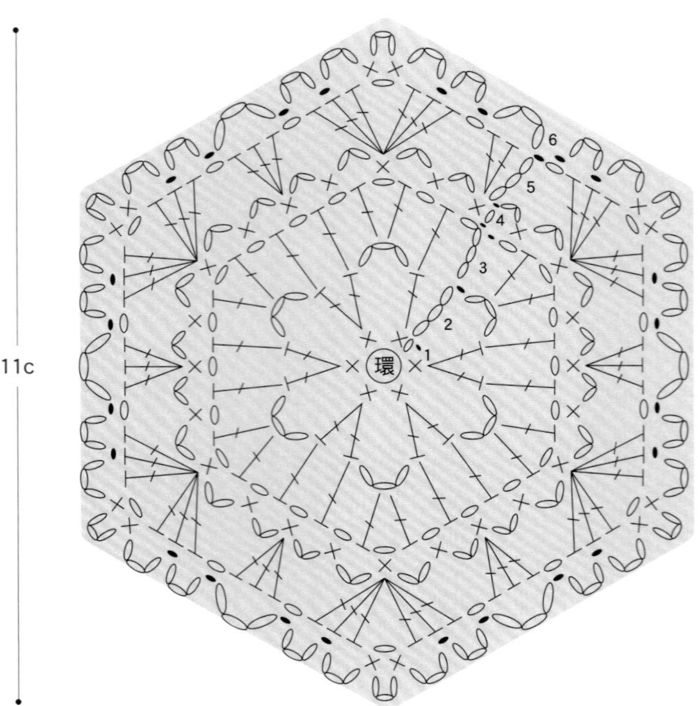

11c
環
1
2
3
4
5
6

No.17 織圖
4/0號鉤針

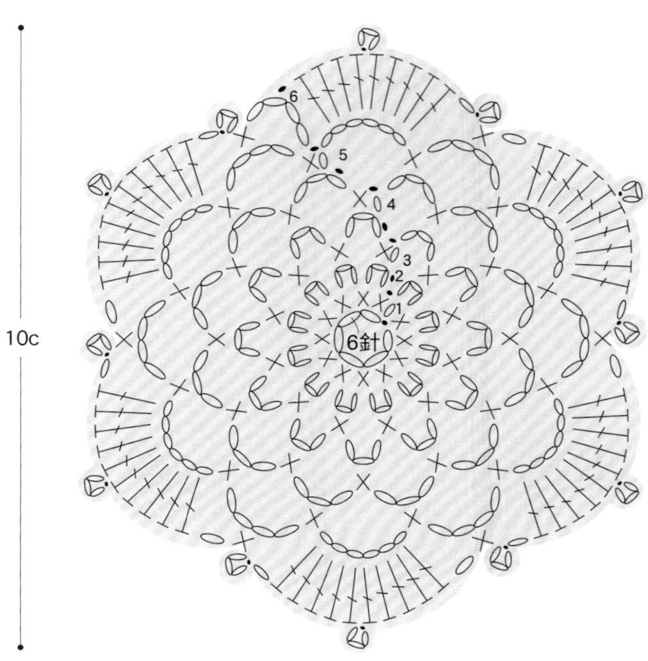

10c
6針
1
2
3
4
5
6

No.18・*No.19* 織圖
No.18 4/0號鉤針
No.19 6/0號鉤針

No.18
10c
No.19
9.5c
環
1
2
3
4
5
6

※*No.18* 鉤至第6段，
No.19 鉤至第5段。

20
21
[八角形織片]
22

No.20至No.22 織法／P.15

外觀近似圓形，格外柔和的八角形織片，
呈放射狀展開的纖細花樣。
No.21使用秋冬毛線鉤No.20至換色前第3段為止，
No.22則是以松編及結粒針鉤出花朵造型。

使用線材
No.20・No.22／Olympus毛線　Wafers
No.21／Olympus毛線　Silky Franc

P.14 *No.20*至*No.22*

＊**使用線材**
Olympus毛線 Wafers
No.20 原色（1）4g　黃色（13）4g
No.22 原色（1）7g
Olympus毛線 Silky Franc
No.21 原色（101）6g
＊**工具**
No.20・*No.22* 鉤針4/0號
No.21 鉤針5/0號
＊**完成尺寸**
No.20・*No.22* 直徑11cm
No.21 直徑9cm
＊**織法**
No.20・*No.21*
以鎖針的輪狀起針鉤編織片。
No.22
作輪狀起針鉤編織片。

No.20・***No.21* 織圖**
No.20 4/0號鉤針
No.21 5/0號鉤針

※*No.20* 鉤至第5段，
No.21 鉤至第3段。

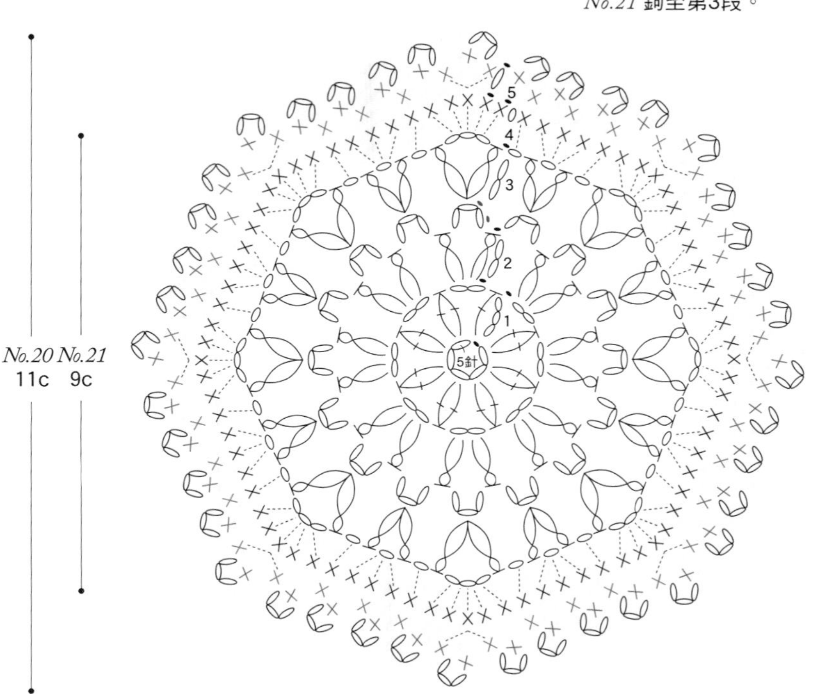

No.20 No.21
11c 9c
5針
1
2
3
4
5

● ＝不挑束而是挑鎖針半針與裡針鉤引拔針

※第3段中長針2針的玉針，是挑前段鎖針3針中第2針半針和裡山鉤編。

※第5段×的短針為挑×短針的鎖狀針頭2條線。

***No.20* 配色**

段	色
1至3段	黃色
4・5 段	原色

***No.22* 織圖**
4/0號鉤針

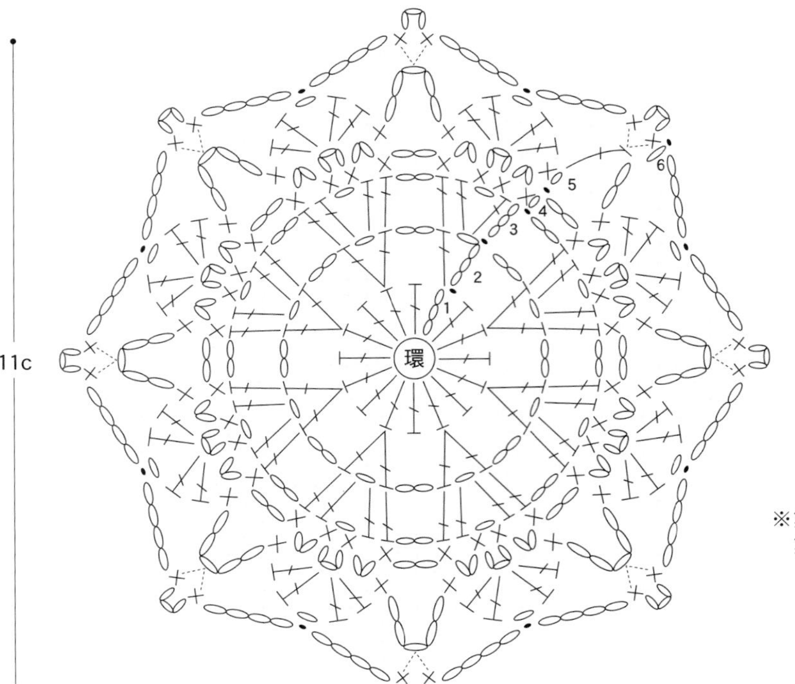

11c
環
1
2
3
4
5
6

※第6段的短針為挑前1段5針鎖針的第3針半針及裡山。

23
24
25
[三角形織片]

No.23至No.25 織法／P.17

只要變換鉤接方式，

即可享受作出不同成品樂趣的三角形織片。

從中心開始鉤織的No.23＆No.24為正三角形，

No.25則像是將四角形織片依對角線裁切而成的等邊三角形。

使用線材

No.23・No.24・No.25／Olympus毛線　Wafers

P.16 *No.23*至*No.25*

＊使用線材

Olympus毛線 Wafers

No.23 象牙色（2）3g　淺咖啡色（7）2g

No.24 象牙色（2）6g

No.25 象牙色（2）5g

＊工具

鉤針4/0號

＊完成尺寸

No.23 一邊9cm的正三角形

No.24 一邊9cm的正三角形

No.25 底邊12cm高6cm的等邊三角形

＊織法

作輪狀起針鉤編織片。

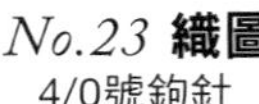

No.23 織圖

4/0號鉤針

環
1
2
3
4
5
9c

No.23 配色

1至4段	象牙色
5段	淺咖啡色

No.24 織圖

4/0號鉤針

環
1
2
3
4
5
9c

No.25 織圖

4/0號鉤針

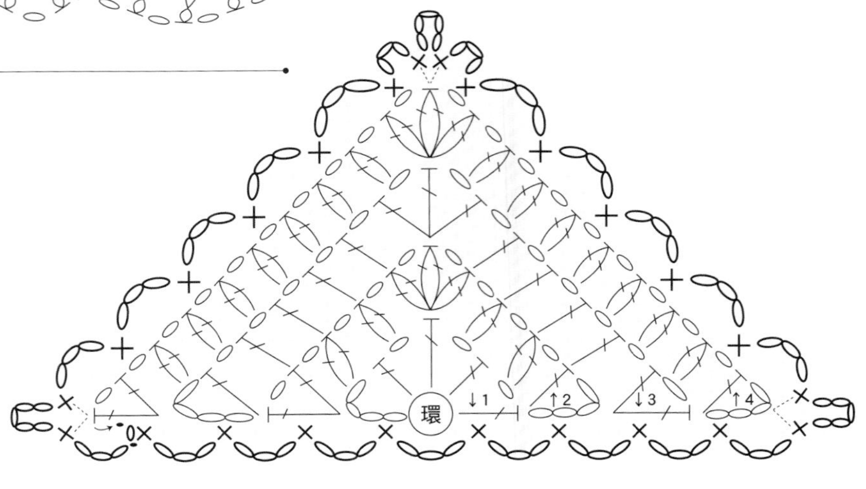
環
↓1
↑2
↓3
↑4
6c
12c

26

[鳳梨花樣織片]

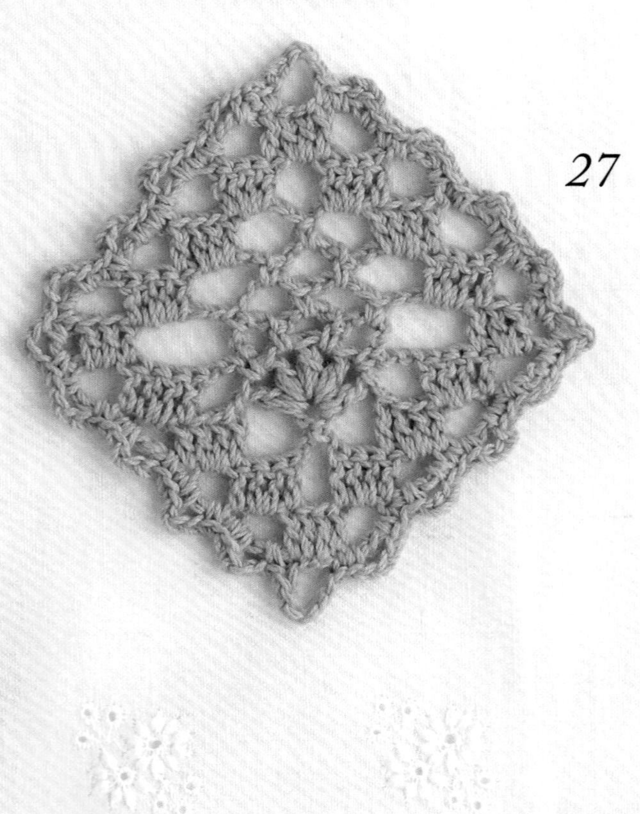

27

No.26 & *No.27* 織法／ P.20

從織片中浮現的鳳梨編織花樣，

No.26是沿著鳳梨花樣包裹一圈的織片，

No.27則是在四角形織片中央浮現鳳梨花樣。

作為裝飾運用吧！

使用線材

No.26・No.27／合太棉麻混紡線

[橢圓形織片]

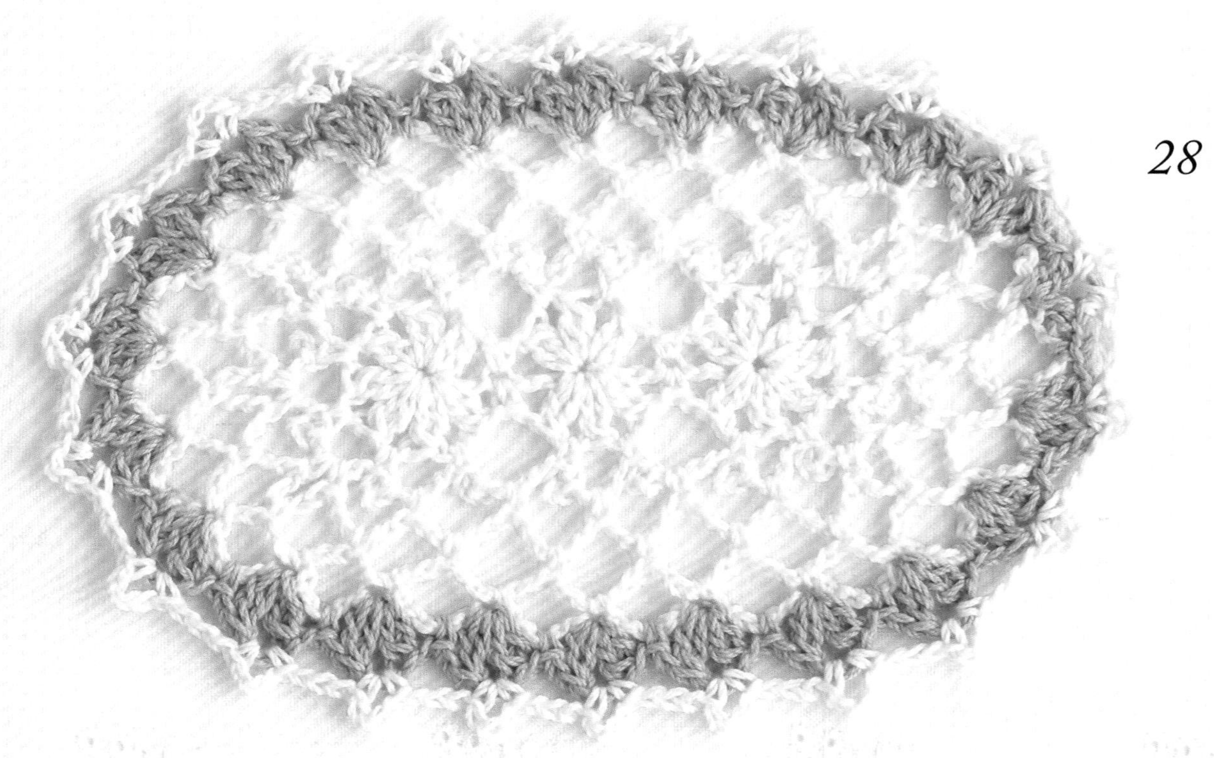

28

No.28 織法／P.21

使用線材／合太棉麻混紡線

只要一片就能夠當成桌墊使用的橢圓形織片，
挑鎖針的上下繞著鉤織出圖樣，
在緣編的前一段換個顏色作出重點。

P.18 *No.26*・*No.27*

＊使用線材
合太棉麻混紡線
No.26 淺咖啡色 6g
No.27 淺咖啡色 6g
＊工具
3/0號鉤針
＊完成尺寸
No.26 直11.5cm 寬 9.5cm
No.27 直10.5cm 寬10.5cm
＊織法
No.26
作輪狀起針鉤編織片。
No.27
以鎖針起針鉤編織片，沿織片周圍進行緣編。

No.26 **織圖**
3/0號鉤針

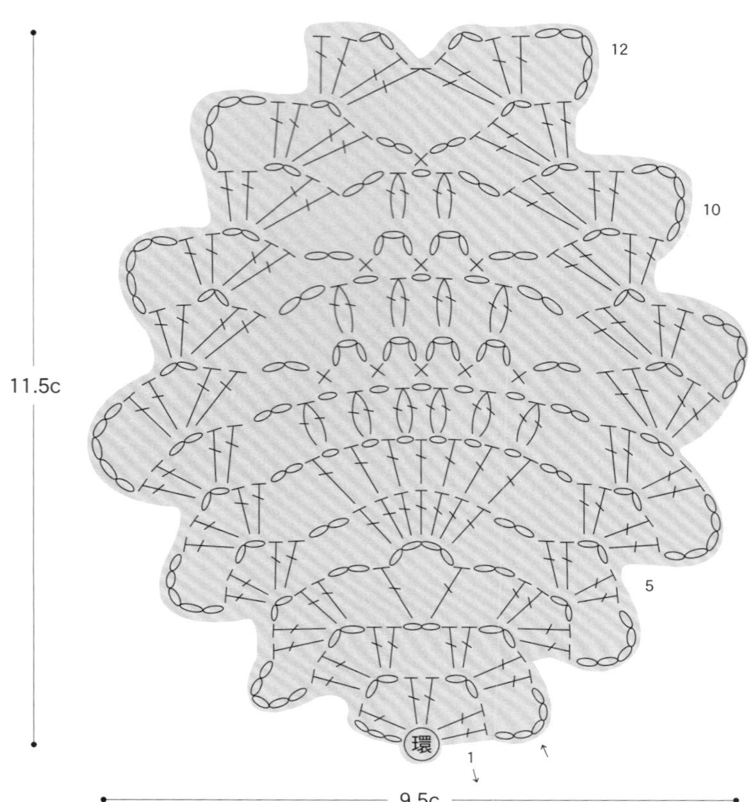
12
10
5
1
環
11.5c
9.5c

No.27 **織圖**
3/0號鉤針

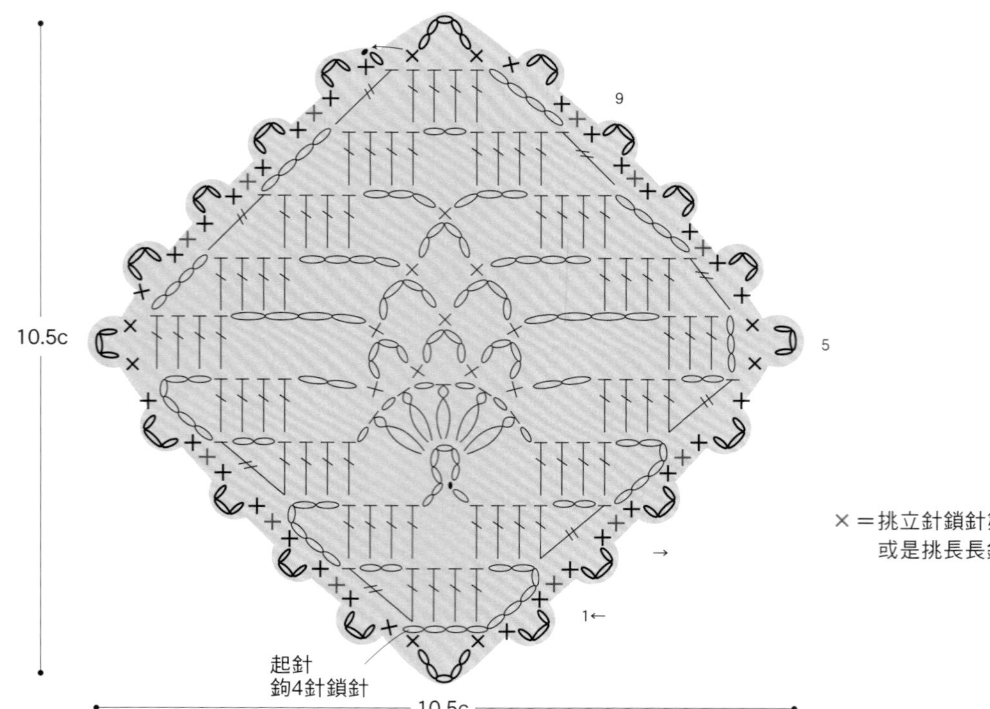
9
5
1←
→
起針
鉤4針鎖針
10.5c
10.5c

×＝挑立針鎖針第4針的半針和裡山，
或是挑長長針的鎖狀針頭2條線。

P.19 *No.28*

＊使用線材

合太棉麻混紡線

原色 7g

淺咖啡色 3g

＊工具

3/0號鉤針

＊完成尺寸

直 11.5cm 寬17cm

＊織法

以鎖針起針鉤編織片。

配色

1至5段	原色
6段	淺咖啡色
7段	原色

織圖

3/0號鉤針

11.5c

17c

起針
鉤17針鎖針

1 2 3 4 5 6 7

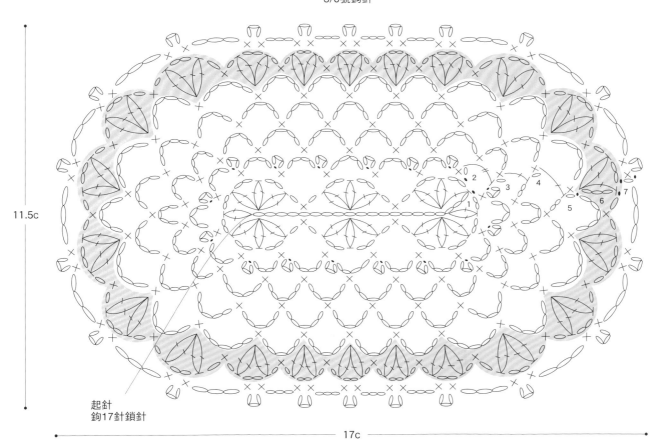

Part II 蕾絲織帶&緣飾

將花樣編連續鉤成長條狀就是蕾絲織帶，鉤在邊緣便成了緣飾，

一起來體驗各種不同作法的樂趣吧！

[橫向編織織帶]

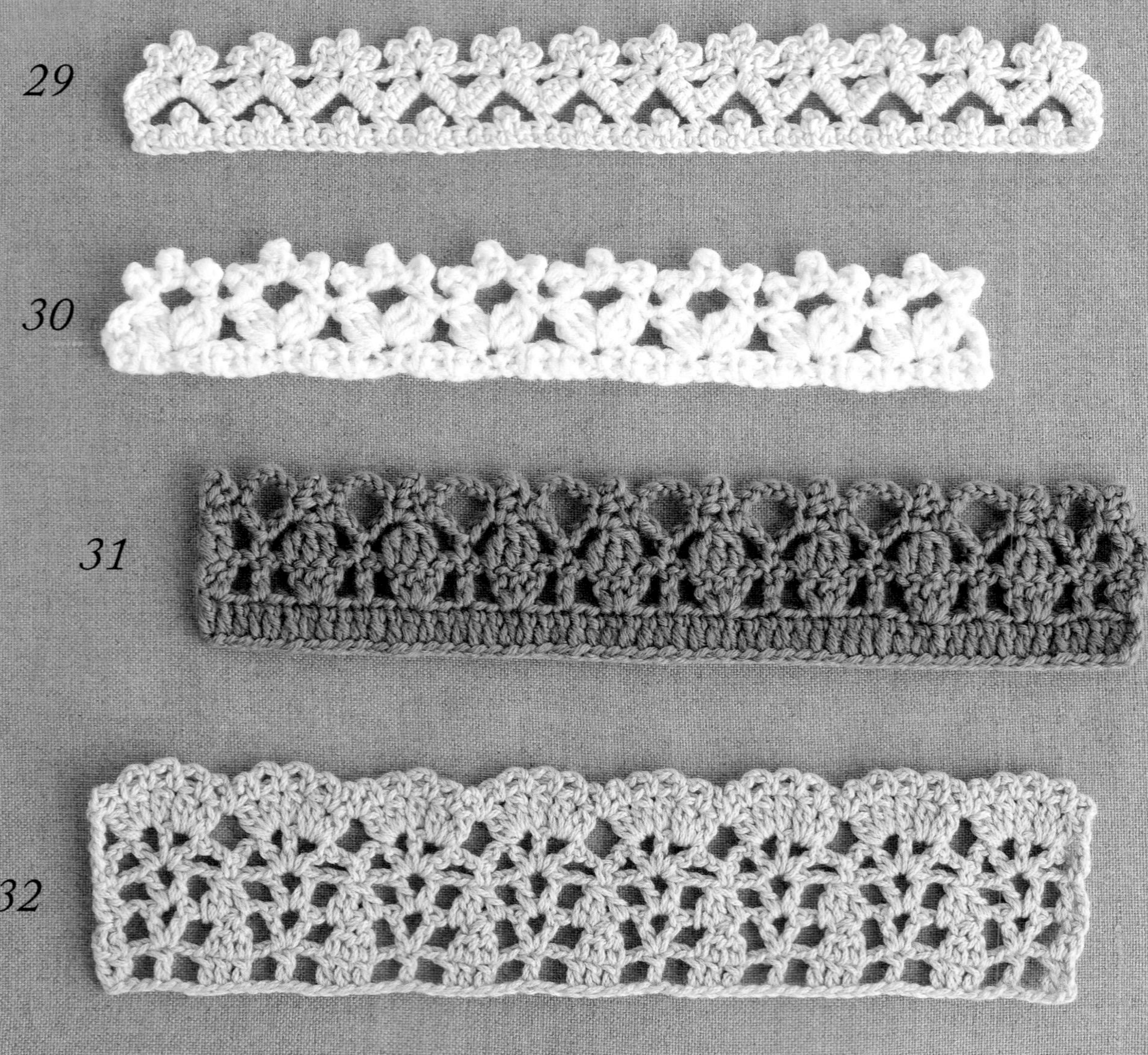

29

30

31

32

*No.29*至*No.32* 織法／P.24

4款可以配合想要的長度，橫向鉤編的蕾絲織帶，

細緻緊密的連續花樣也可以作為緣飾使用。

No.31應用款→P.75-No.111・P.76-No.112
No.32應用款→P.76-No.113

使用線材

No.29／Hamanaka Paume《無垢綿》Crochet

No.30・No.31／Hamanaka Organic Wool Field 有機毛線

No.32／Hamanaka PaumeCrochet 《草木染》

[縱向編織織帶]

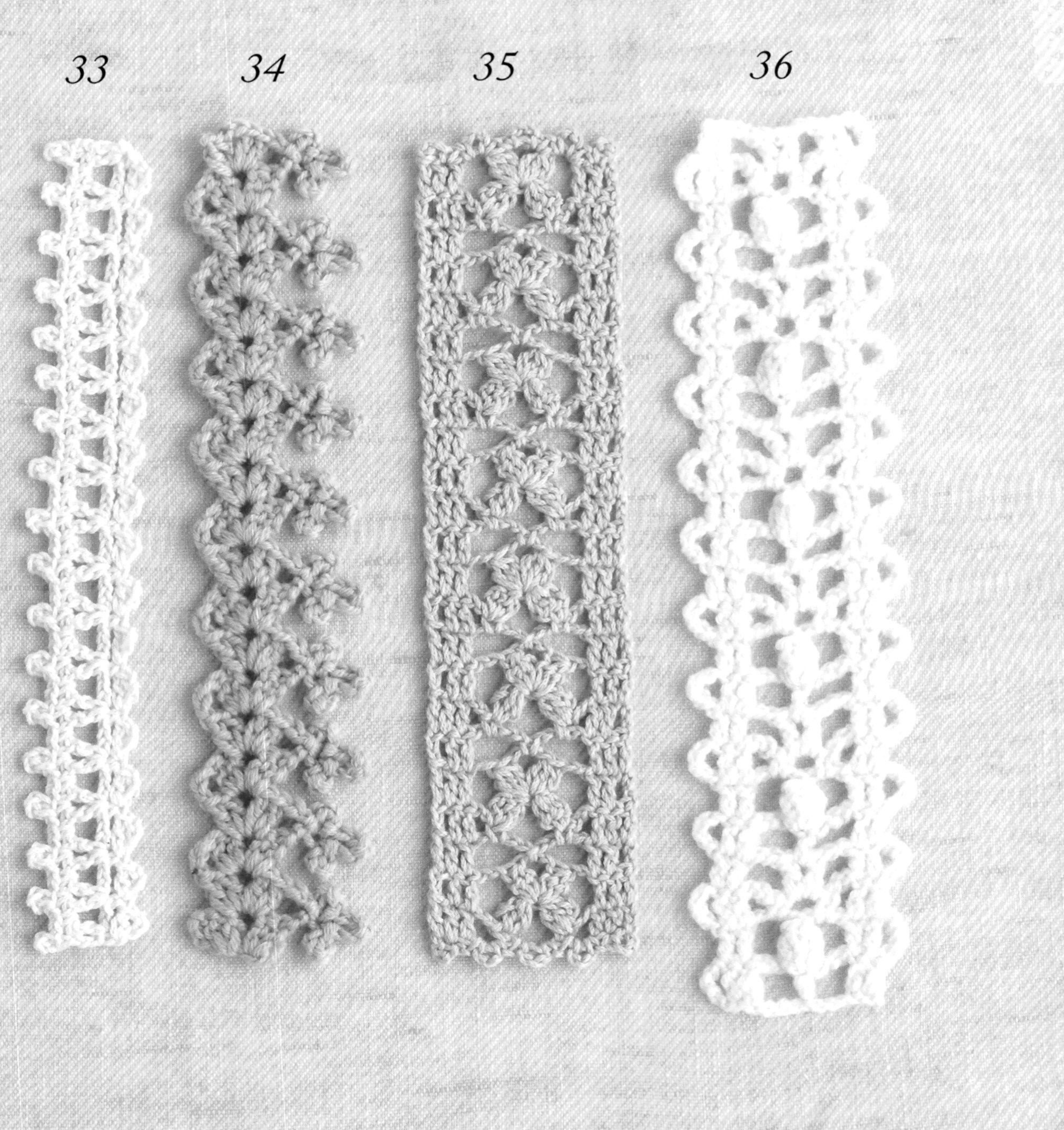
33
34
35
36

No.33至No.36 織法／P.25

No.33為縱向編織後再作橫向編織的蕾絲織帶，
No.34至No.36則為縱向編織的蕾絲織帶，
用來裝飾在衣服和小物上，作些小小的改造吧！

No.34應用款→P.55-No.89

使用線材
No.33／Hamanaka Paume《無垢綿》Crochet
No.34・No.36／Hamanaka Organic Wool Field 有機毛線
No.35／Hamanaka PaumeCrochet 《草木染》

P.22 *No.29*至*No.32*

＊使用線材

Hamanaka Paume《無垢綿》Crochet

No.29 原色（1）5g

Hamanaka Organic Wool Field 有機毛線

No.30 原色（1）5g

No.31 淺咖啡色（16）6g

Hamanaka PaumeCrochet 《草木染》

No.32 淺粉紅色（74）7g

＊工具

No.29・*No.32* 鉤針3/0號

No.30・*No.31* 鉤針4/0號

＊完成尺寸

No.29 寬3cm 長21.5cm

No.30 寬3cm 長20cm

No.31 寬4cm 長20cm

No.32 寬5cm 長21cm

＊織法

以鎖針起針，花樣編鉤編織帶。

No.29 **織圖**

3/0號鉤針

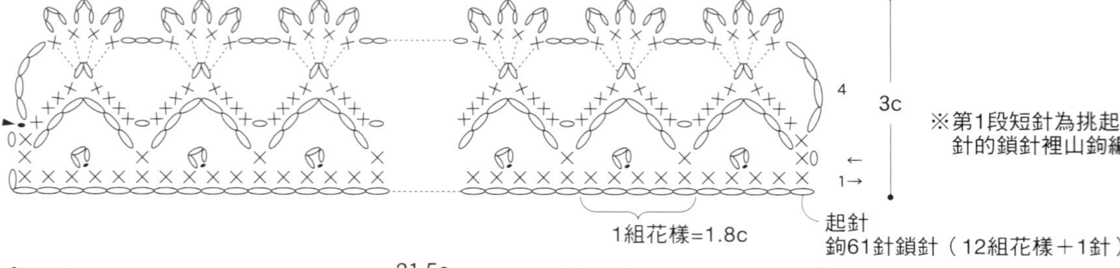

收針
4
3c
←
1→
1組花樣=1.8c
起針
鉤61針鎖針（12組花樣＋1針）
21.5c
※第1段短針為挑起針的鎖針裡山鉤編

No.30 **織圖**

4/0號鉤針

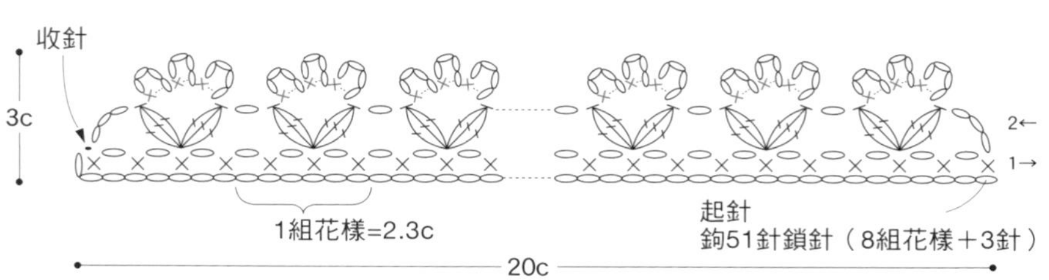

收針
3c
2←
1→
1組花樣=2.3c
起針
鉤51針鎖針（8組花樣＋3針）
20c
×＝挑鎖針第1針半針及裡山鉤短針。
※第1段短針為挑起針的鎖針半針和裡山鉤編。

No.31 **織圖**

4/0號鉤針

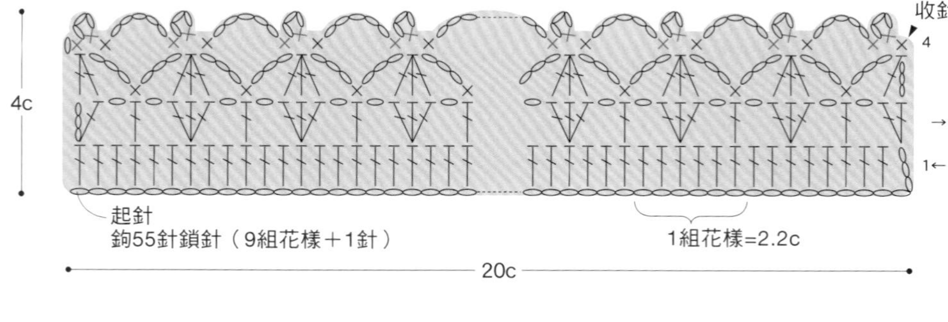

收針
4
4c
→
1←
起針
鉤55針鎖針（9組花樣＋1針）
1組花樣=2.2c
20c
※×為挑×短針的鎖狀針頭2條線鉤編短針。
※第1段長針為挑起針的鎖針裡山鉤編。

No.32 **織圖**

3/0號鉤針

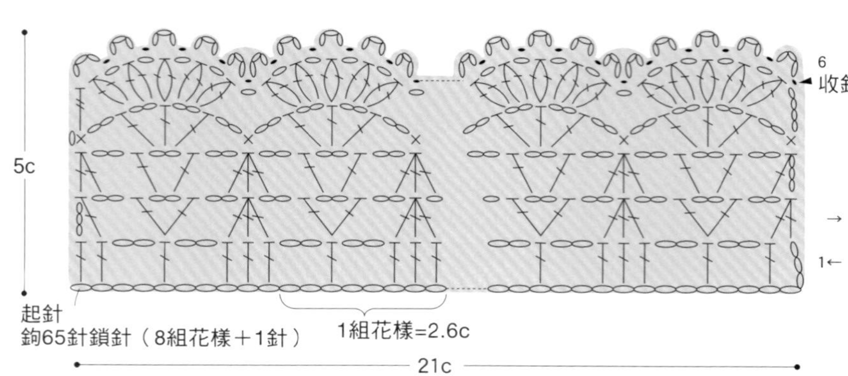

6
收針
5c
→
1←
起針
鉤65針鎖針（8組花樣＋1針）
1組花樣=2.6c
21c
※第1段長針為挑起針的鎖針裡山鉤編。

P.23 *No.33*至*No.36*

＊使用線材

Hamanaka Paume《無垢綿》Crochet

No.33 原色（1）4g

Hamanaka Organic Wool Field 有機毛線

No.34 杏色（2）6g

No.36 原色（1）7g

Hamanaka PaumeCrochet《草木染》

No.35 淺粉紅色（74）6g

＊工具

No.33・*No.35* 鉤針3/0號

No.34・*No.36* 鉤針4/0號

＊完成尺寸

No.33 寬3cm 長20cm

No.34 寬4cm 長20cm

No.35 寬5cm 長20cm

No.36 寬5cm 長22cm

＊織法

No.33・*No.34*・*No.36*

以鎖針起針，花樣編鉤編織帶。

No.35

1. 以鎖針起針，花樣編鉤編織帶。
2. 接著鉤緣編。
3. 挑起針目，另一側也鉤上緣編。

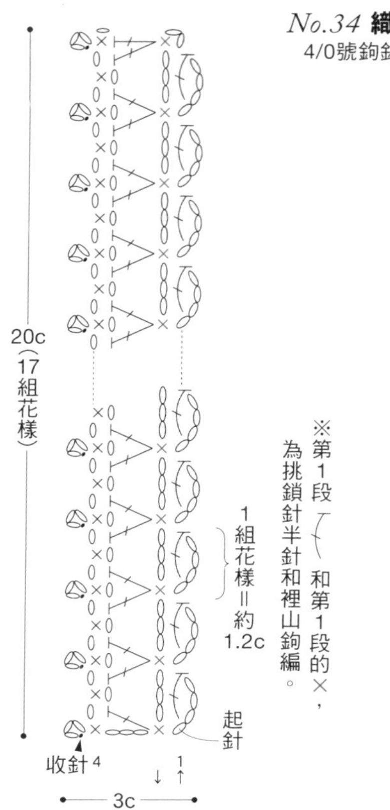

No.33 織圖
3/0號鉤針
20c（17組花樣）
1組花樣＝約1.2c
※第1段 和第1段的×，為挑鎖針半針和裡山鉤編。
起針
收針
4
1
3c

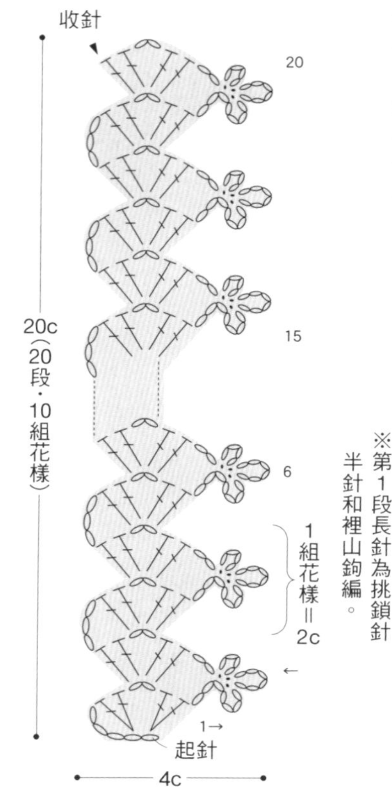

No.34 織圖
4/0號鉤針
收針
20
15
6
20c（20段・10組花樣）
1組花樣＝2c
※第1段長針為挑鎖針半針和裡山鉤編。
1→
起針
4c

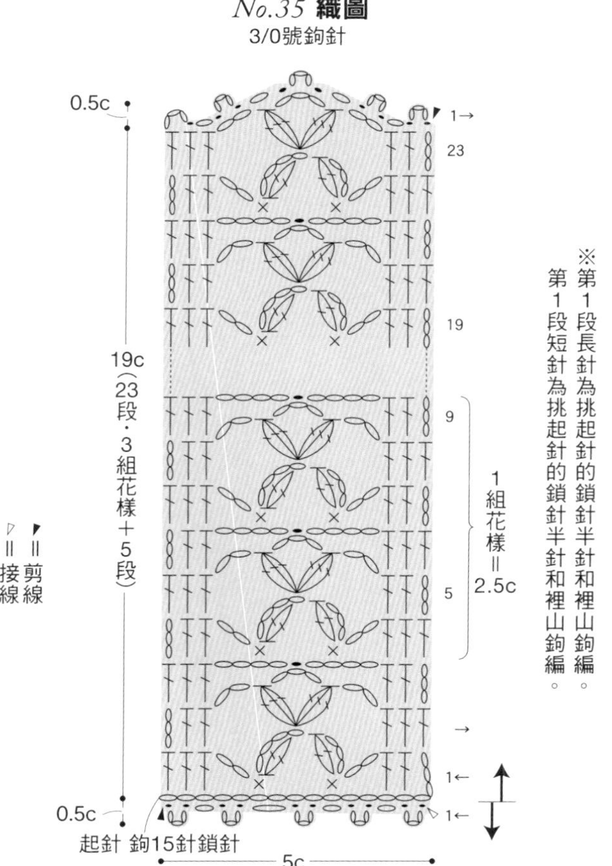

No.35 織圖
3/0號鉤針
0.5c
1→
23
19
9
5
1←
19c（23段・3組花樣＋5段）
1組花樣＝2.5c
※第1段長針為挑起針的鎖針半針和裡山鉤編。第1段短針為挑起針的鎖針半針和裡山鉤編。
▷＝接線
▶＝剪線
0.5c
起針 鉤15針鎖針
5c

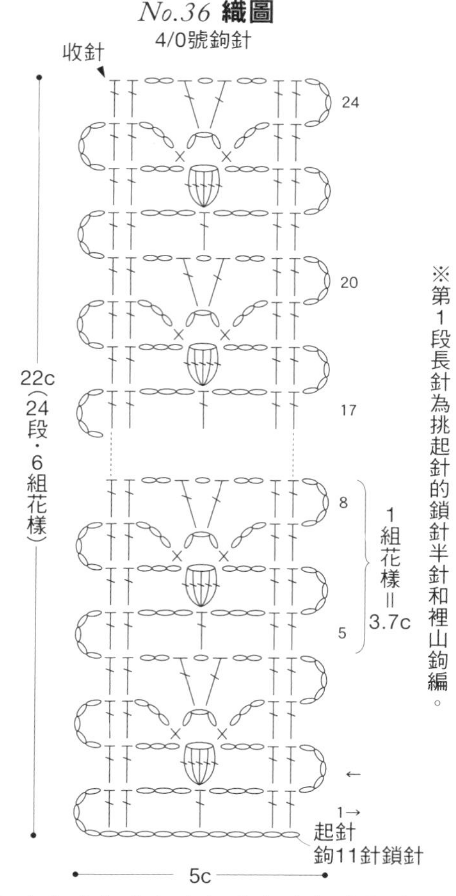

No.36 織圖
4/0號鉤針
收針
24
20
17
8
5
22c（24段・6組花樣）
1組花樣＝3.7c
※第1段長針為挑起針的鎖針半針和裡山鉤編。
1→
起針
鉤11針鎖針
5c

[上下編織織帶]

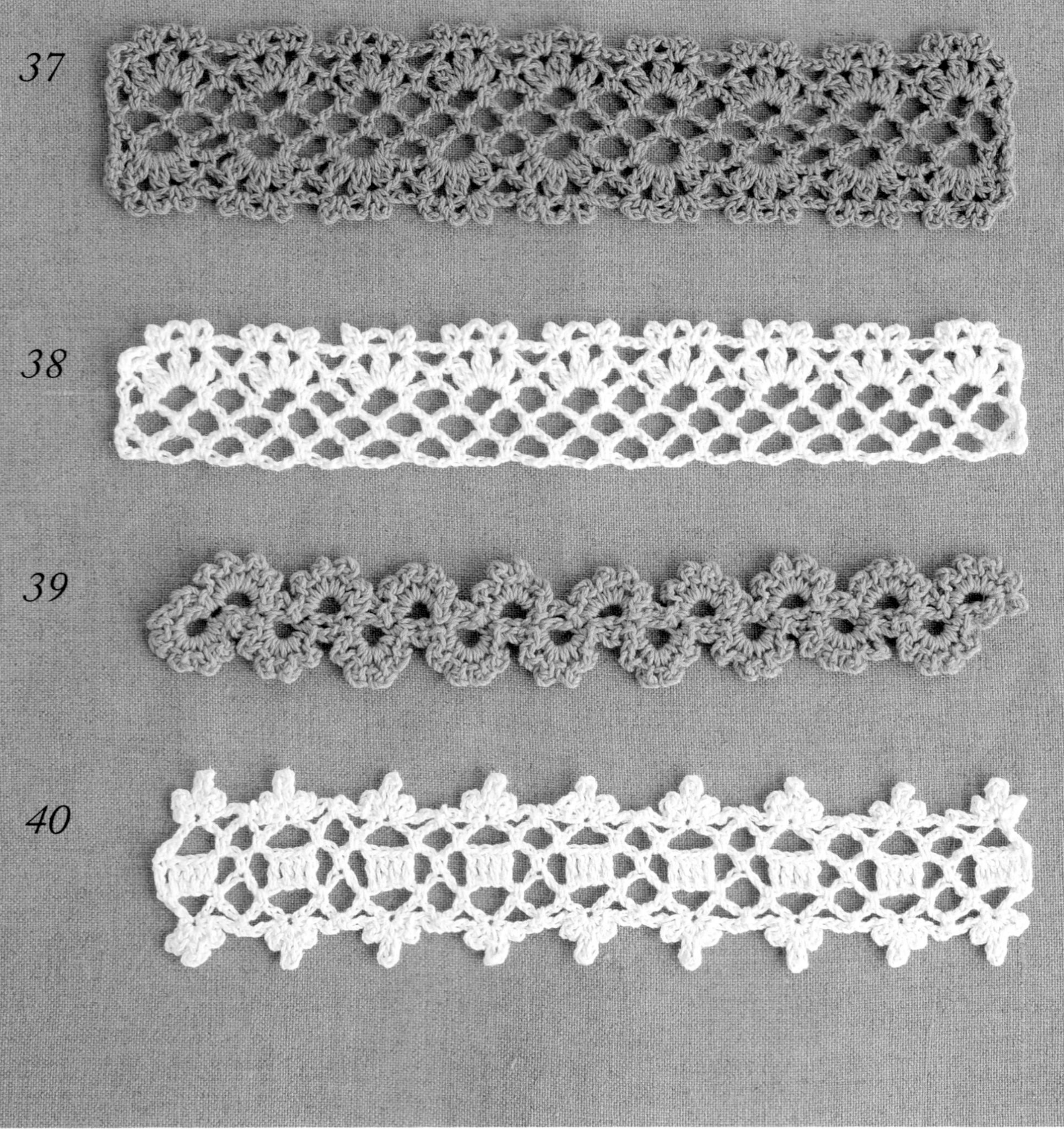
37
38
39
40

No.37至No.40 織法／P.27

只鉤了No.37上方部分的No.38，
從中心往上鉤編，再接線鉤編下側的No.37&No.40。
運用縱向編織，再於左右各鉤一段的No.39。

使用線材
No.37・No.38・No.40／合細棉麻混紡線
No.39／合太棉麻混紡線

No.37應用款→P.74-No.109・No.110

P.26 *No.37*至*No.40*

＊使用線材

合細棉麻混紡線

No.37 咖啡色 6g

No.38 原色 5g

No.40 原色 5g

合太棉麻混紡線

No.39 粉紅色 5g

＊工具

No.37・*No.38*・*No.40* 鉤針2/0號

No.39 鉤針3/0號

＊完成尺寸

No.37 寬5cm 長21cm

No.38 寬3.5cm 長21cm

No.39 寬3cm 長20.5cm

No.40 寬4.5cm 長20cm

＊織法

No.37・*No.40*

1.以鎖針起針，花樣編鉤編織帶。

2.挑起針目，花樣編鉤織另一側。

No.38

以鎖針起針，花樣編鉤編織帶。

No.39

以鎖針起針縱向鉤編18段，接著在上側及下側各以花樣編鉤1段完成織帶。

No.37 **織圖**

2/0號鉤針

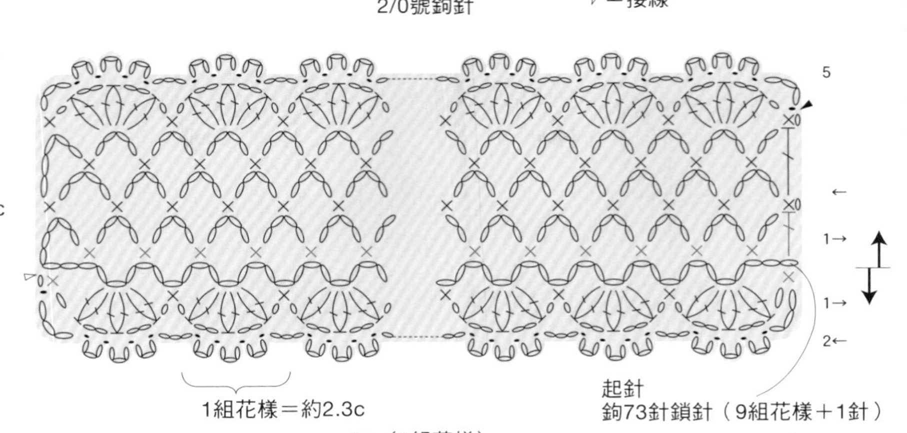

▼＝剪線
▽＝接線
5c
5
1→
←
1→
2←
1組花樣＝約2.3c
起針
鉤73針鎖針（9組花樣＋1針）
21c（9組花樣）

※×和⊤挑起針鎖針半針和裡山鉤編。

※×為挑起針鎖針剩下的半針鉤編。

※下側的×和⊤是挑起針的鎖針束鉤編。

No.38 **織圖**

2/0號鉤針

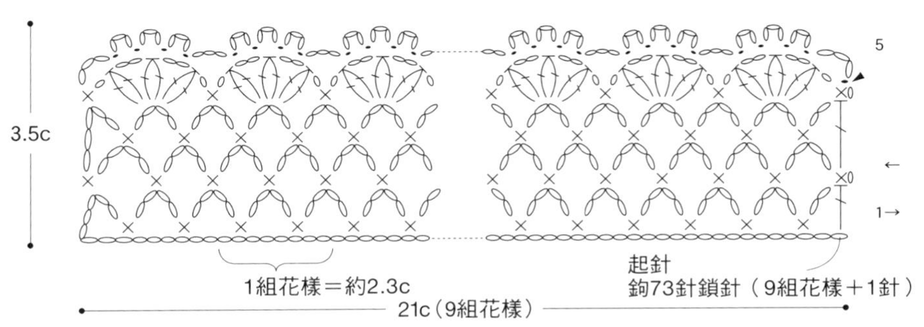

3.5c
5
←
1→
1組花樣＝約2.3c
起針
鉤73針鎖針（9組花樣＋1針）
21c（9組花樣）

※第1段短針及長針為挑起針的鎖針半針和裡山鉤編。

No.39 **織圖**

3/0號鉤針

╸＝挑長針的鎖狀針頭2條線鉤引拔針

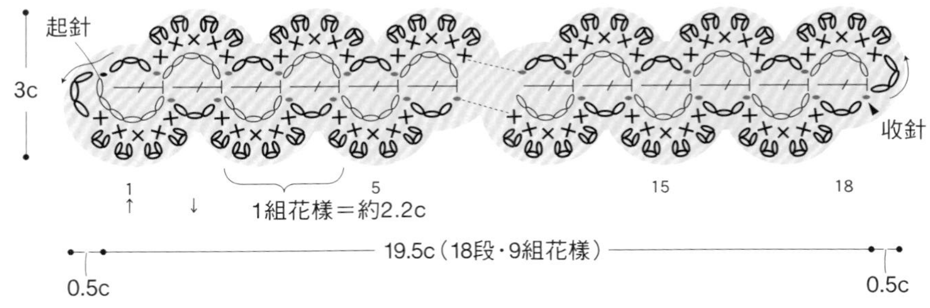

起針
3c
收針
1
5
15
18
1組花樣＝約2.2c
19.5c（18段・9組花樣）
0.5c
0.5c

No.40 **織圖**

2/0號鉤針

▼＝剪線　▽＝接線

※上側第1段的短針及長針，挑起針的鎖針半針和裡山鉤編。

※下側第1段的短針是挑起針的鎖針束鉤編；長針則挑剩下的鎖針半針鉤編。

※上側第3段短針及下側第2段短針，挑前1段5鎖針的第3針鎖針半針和裡山鉤編。

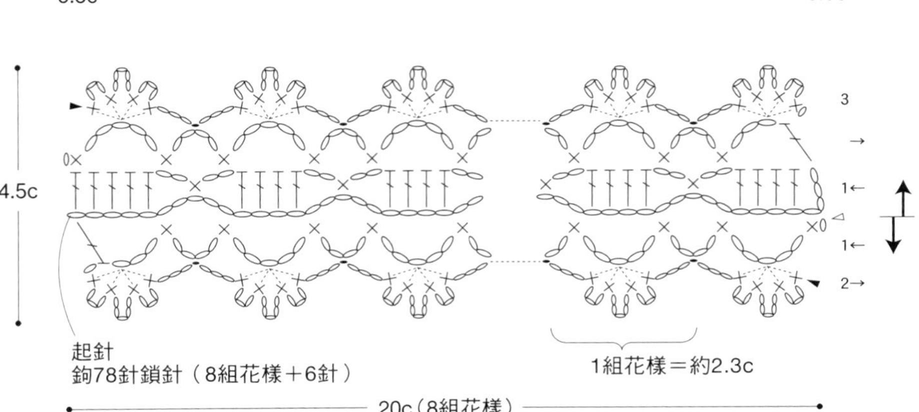

4.5c
3
→
1←
1←
2→
起針
鉤78針鎖針（8組花樣＋6針）
1組花樣＝約2.3c
20c（8組花樣）

[緣飾織片（緣編）]

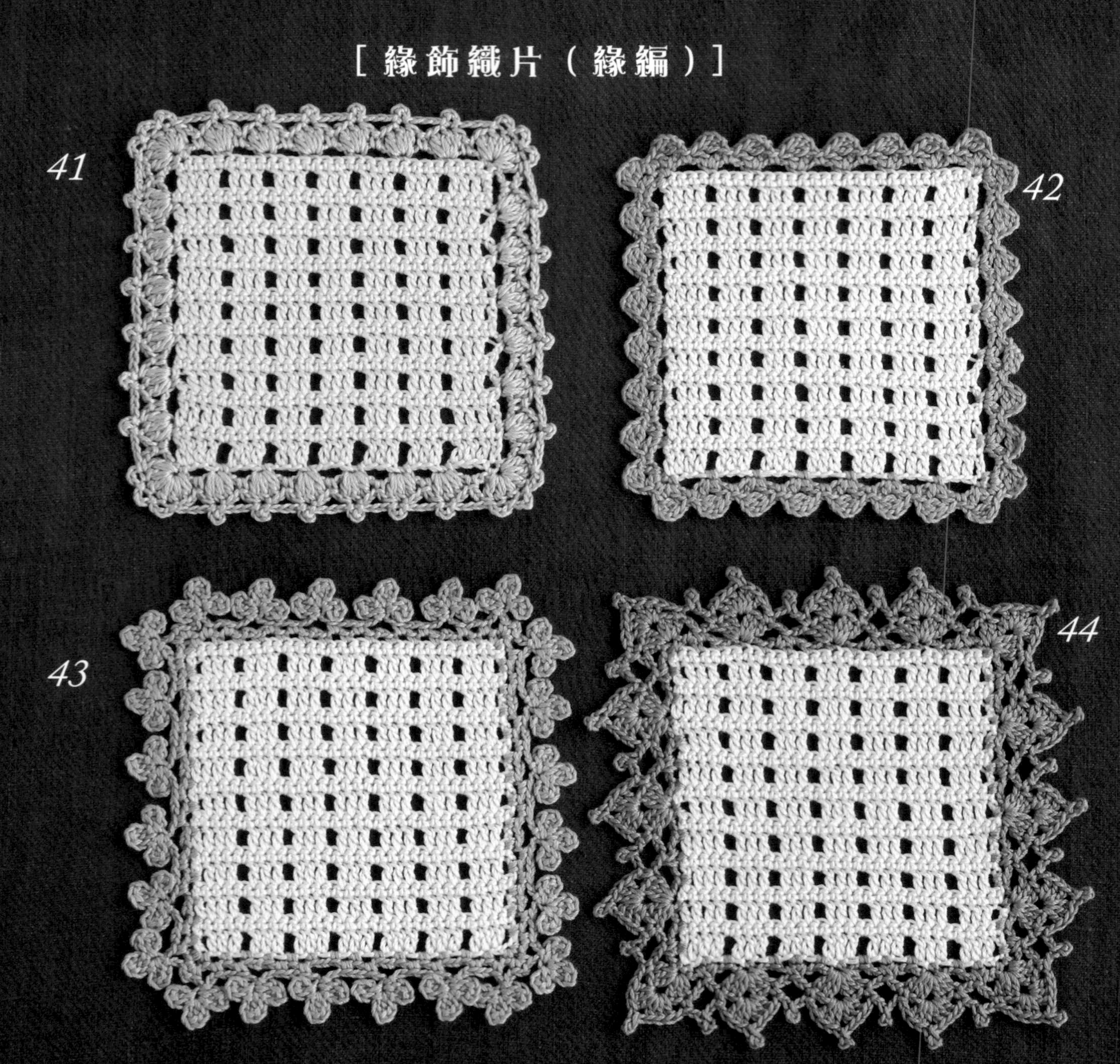
41
42
43
44

No.41 至 No.44 織法／P.29

一樣的織片加上不同的緣邊，
再挑選不同的緣編花樣和顏色，就能給人不同印象，
當作杯墊或桌墊來使用吧！

使用線材
No.41・No.42・No.43・No.44／Olympus Cuore 棉線

P.28 *No.41*至*No.44*

＊使用線材

Olympus Cuore 棉線

No.41 原色（1）6g　水藍色（6）5g

No.42 原色（1）6g　粉紅色（5）4g

No.43 原色（1）6g　綠色（4）5g

No.44 原色（1）6g　淺咖啡色（3）6g

＊工具

鉤針3/0號

＊完成尺寸

No.41・*No.43* 直13.5cm　寬 13.5cm

No.42 直12.5cm　寬 12.5cm

No.44 直15.5cm　寬 15.5cm

＊織法

1.以鎖針起針，花樣編鉤織主體。

2.沿主體周圍鉤織緣編。

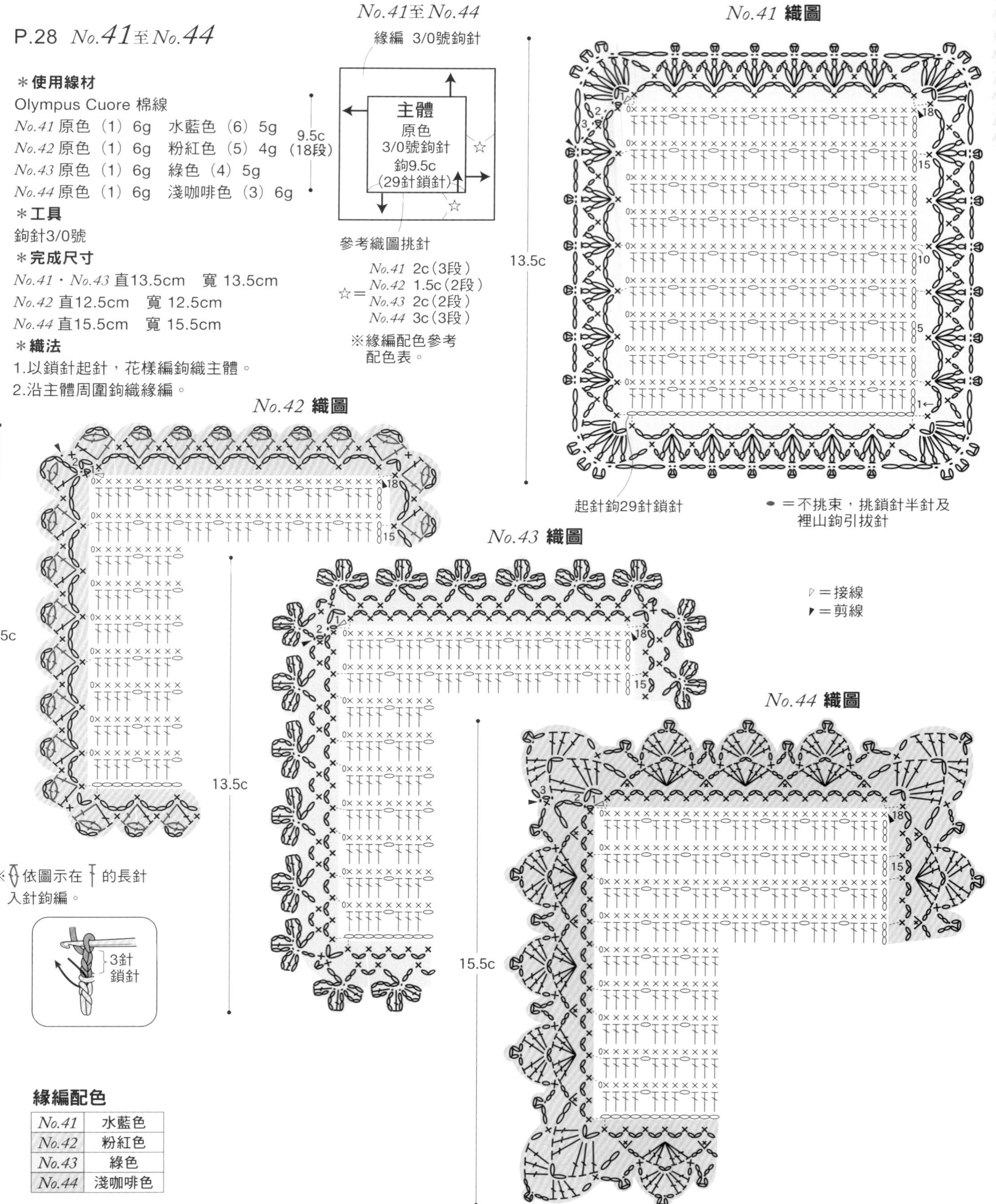

No.41至No.44
緣編 3/0號鉤針
9.5c (18段)
主體
原色
3/0號鉤針
鉤9.5c
(29針鎖針)
☆
參考織圖挑針
☆＝ No.41 2c（3段）
No.42 1.5c（2段）
No.43 2c（2段）
No.44 3c（3段）
※緣編配色參考配色表。
No.41 織圖
13.5c
起針鉤29針鎖針
● ＝不挑束，挑鎖針半針及裡山鉤引拔針
No.42 織圖
No.43 織圖
▷＝接線
▶＝剪線
13.5c
No.44 織圖
15.5c
※依圖示在 的長針入針鉤編。
3針鎖針

緣編配色

No.41	水藍色
No.42	粉紅色
No.43	綠色
No.44	淺咖啡色

Part Ⅲ 享受顏色＆素材の變化

運用不同顏色及線材交替鉤編而成的織片，會比利用相同顏色線材鉤編的織片，

更能表現出花樣浮現的立體表情。

[從中心開始鉤織的配色織片]

45
46
47
48

No.45 & No.46 織法／P.32 *No.47 & No.48* 織法／P.33

1至2段就變換顏色鉤織出來的織片，每一款都十分具有華麗感，

使用春夏毛線鉤編出細緻圓形的No.45＆No.46，

No.47＆No.48則是使用柔軟的秋冬毛線完成的四角形織片。

使用線材

No.45・No.46／Daruma Supima Crochet 春夏毛線

No.47・No.48／Daruma Perfume 毛線

Daruma頂級美麗諾毛線（粗）

No.49 圓形小包

織法／ P.80

到No.45織片的第5段為止，
使用了毛海線及秋冬直線，以兩種線材鉤編而成，
裝飾上鉤編完成的球球配件後，更加可愛了！

使用線材／Daruma頂級美麗諾毛線（粗）
Daruma Smoky 毛線

P.30 *No.45*至*No.46*

＊使用線材

Daruma Supima Crochet 春夏毛線

No.45 芥末黃色（10）5g

原色（2）5g

淺咖啡色（15）4g

No.46 淺咖啡色（15）4g

粉紅色（3）3g

咖啡色（14）2g

＊工具

鉤針4/0號

＊完成尺寸

No.45 直徑11cm

No.46 直徑9.5cm

＊織法

No.45

作輪狀起針鉤編織片。

No.46

鎖針的輪狀起針鉤編織片。

No.45 織圖

4/0號鉤針

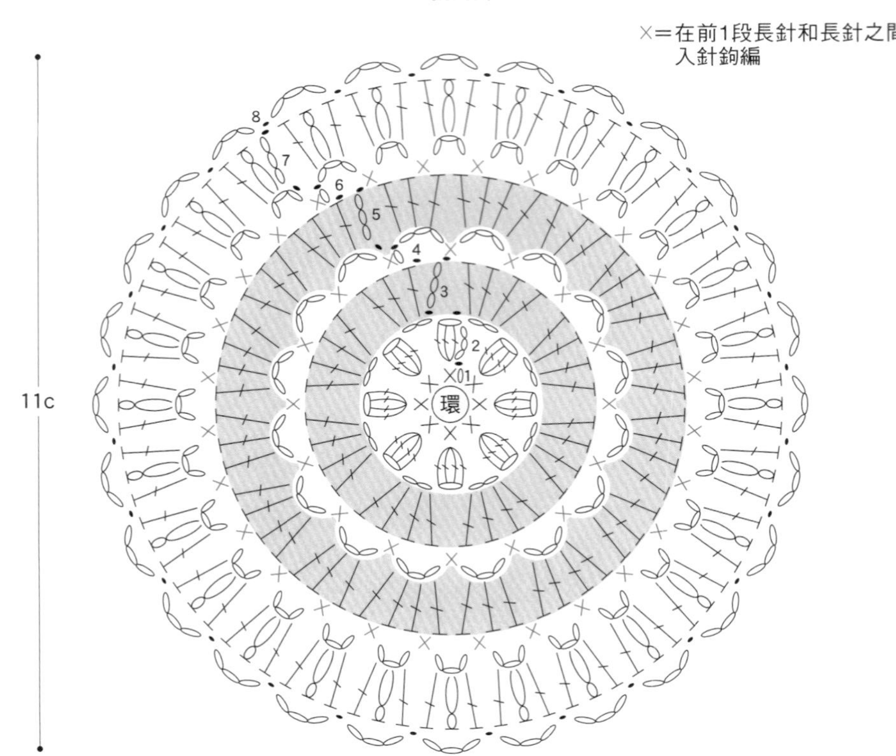

×＝在前1段長針和長針之間入針鉤編
11c
環

No.45 配色

1・7段	芥末黃色
2・4・6・8段	原色
3・5段	淺咖啡色

No.46 織圖

4/0號鉤針

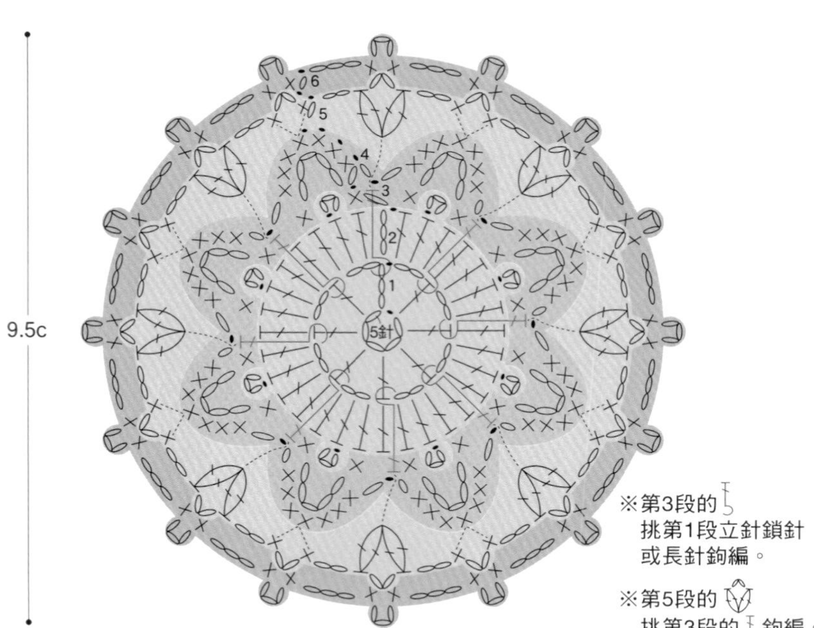

9.5c
5針
※第3段的 挑第1段立針鎖針或長針鉤編。
※第5段的 挑第3段的 鉤編。

No.46 配色

1・2・5段	淺咖啡色
3・4段	粉紅色
6段	咖啡色

P.30 *No.47*至*No.48*

＊**使用線材**
Daruma Perfume 毛線
No.47 粉紅色（11）3g
No.48 咖啡灰（8）3g
Daruma頂級美麗諾毛線（粗）
No.47 原色（1）3g
紅褐色（4）3g
No.48 原色（1）2g
水藍色（9）3g
＊**工具**
鉤針7/0號
＊**完成尺寸**
No.47 直9cm 寬9cm
No.48 直9.5cm 寬9.5cm
＊**織法**
作輪狀起針鉤編織片。

No.47 **織圖**
7/0號鉤針

9c
環
1
2
3
4

No.47 **配色**

1・3段	粉紅色
2段	原色
4段	紅褐色

No.48 **織圖**
7/0號鉤針

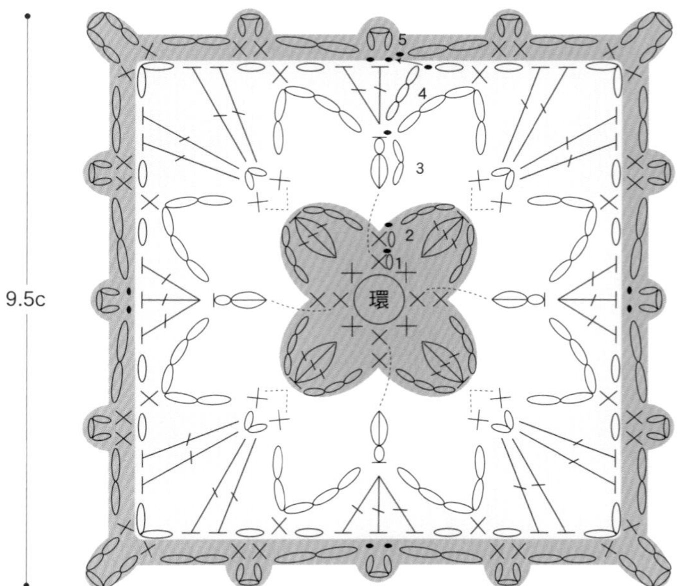

9.5c
環
1
2
3
4
5

※第3段的 挑第1段短針鉤編。

No.48 **配色**

1・2・5段	咖啡灰
3段	原色
4段	水藍色

[兩種素材編織的往復編織片]

50
52
51
53

*No.50*至*No.53* 織法／P.36

兩款以往復編作出的四角形織片，

No.50＆No.51充分發揮了兩種線材的質感，

No.52運用了三種顏色，No.53則以兩種顏色作出鮮明的荷葉花樣邊。

使用線材

No.50・No.51／Ski Sonata 毛線
並太金蔥線

No.52・No.53／Ski Menuet 毛線

No.54 迷你荷葉邊口金包

織法／P.37

與No.52一樣用了三種顏色鉤編的兩片織片，再以緣編接合作成的彈簧夾式口金包，為了活用荷葉邊的花樣設計，刻意顛倒了織片的方向。

MÉMO EST TRESOR DE IDÉES
par VOUS
COURS LIBERTE
Cahier N°II
54

Note／Country Spice　桌子／AWABEES

使用線材／Ski Menuet 毛線

P.34 *No.50*至*No.53*

＊使用線材
並太金蔥線
No.50 粉紅色金蔥 4g
No.51 白色金蔥 3g
Ski Sonata毛線
No.50 粉紅色（103）3g
No.51 原色（102）5g
Ski Menuet 毛線
No.52 薰衣草紫（10）6g 原色（2）5g
紫色（9）5g
No.53 橘色（4）9g 胭脂紅（6）6g

＊工具
No.50・*No.51* 鉤針5/0號
No.52・*No.53* 鉤針6/0號

＊完成尺寸
No.50・*No.51* 直約10.5cm 寬約10.5cm
No.52・*No.53* 直約10.5cm 寬約11.5cm

＊織法
1.以鎖針起針鉤編織片。
2.周圍鉤織緣編。

No.50・*No.51*鉤法請參考P.99圖片解說。

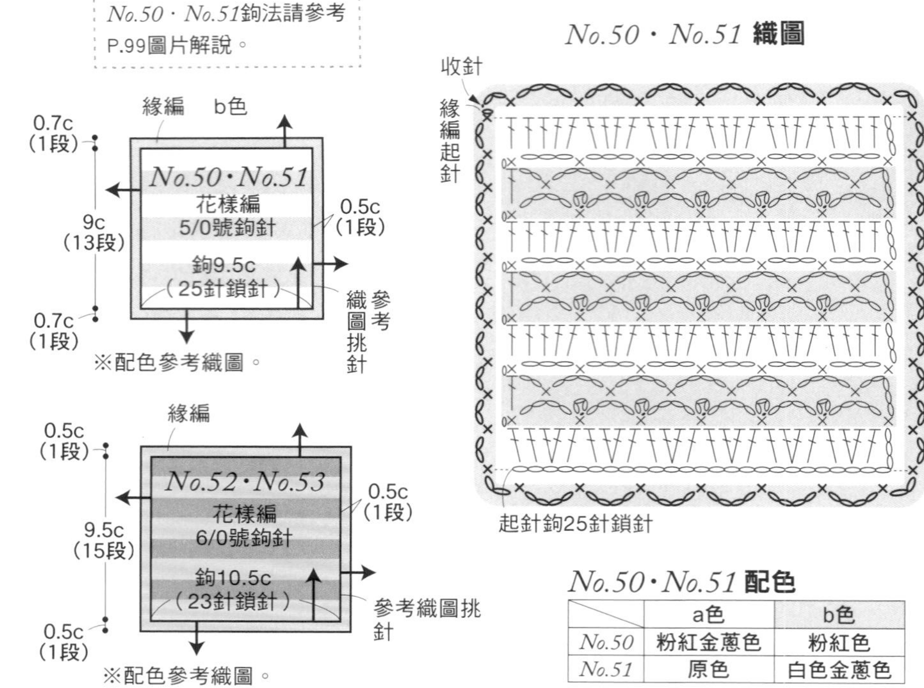
緣編 b色
0.7c（1段）
No.50・*No.51*
花樣編
5/0號鉤針
0.5c（1段）
9c（13段）
鉤9.5c（25針鎖針）
織圖參考挑針
0.7c（1段）
※配色參考織圖。
緣編
0.5c（1段）
No.52・*No.53*
花樣編
6/0號鉤針
0.5c（1段）
9.5c（15段）
鉤10.5c（23針鎖針）
參考織圖挑針
0.5c（1段）
※配色參考織圖。
No.50・*No.51* 織圖
收針
緣編起針
13
10
5
1
起針鉤25針鎖針

No.50・*No.51* 配色

	a色	b色
No.50	粉紅金蔥色	粉紅色
No.51	原色	白色金蔥色

No.52 織圖

收針
緣編起針
15
10
5
1
起針鉤23針鎖針

No.53 織圖

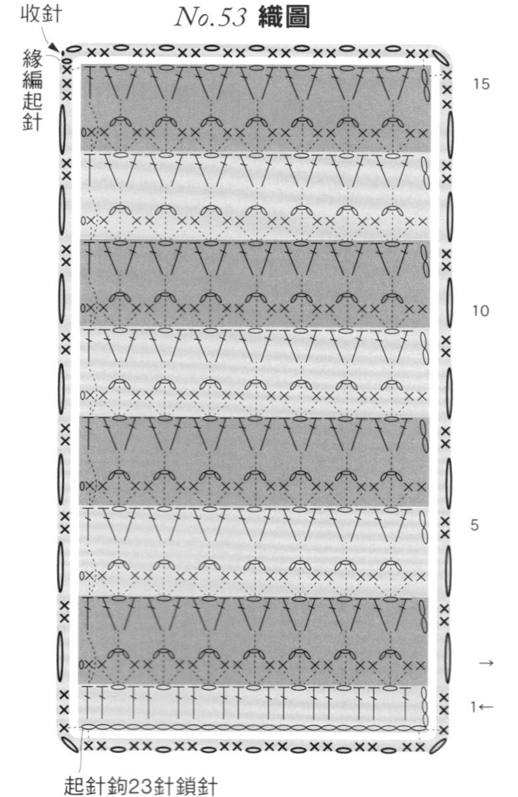
收針
緣編起針
15
10
5
1
起針鉤23針鎖針

※第1段長針是挑起針鎖針的裡山鉤編。
※第3・5・7・9・11・13・15段的長針，是將前一段3針鎖針往內倒，再從背面前前段的1鎖針挑束鉤編。

No.52 配色

起針目1・4・7・10・13段・緣編	薰衣草紫色
2・5・8・11・14段	原色
3・6・9・12・15段	紫色

No.53 配色

起針目1・4・5・8・9・12・13段・緣編	橘色
2・3・6・7・10・11・14・15段	胭脂紅色

No.54 裡袋作法

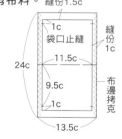

①裁剪布料。
縫份1.5c
1c
袋口止縫
縫份1c
24c
11.5c
布邊拷克
9.5c
1c
13.5c

②如圖對摺後，脇邊縫到開口止縫點。
袋口止縫（裡面）
1c
車縫

③袋口周圍縫份摺2褶後縫合。

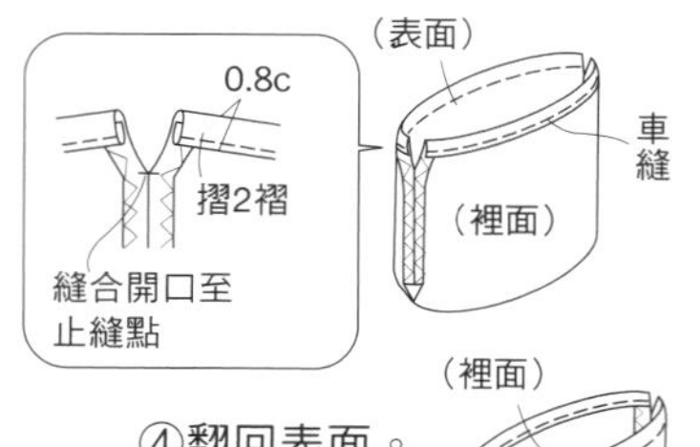
0.8c
摺2褶
縫合開口至止縫點
（表面）
車縫
（裡面）

④翻回表面。
（裡面）
（表面）

P.35 *No.54*

＊使用線材

Ski Menuet 毛線

水藍色（11）20g

原色（2）10g

紫色（9）10g

＊其他材料

彈簧式口金（寬1.5cm 長10cm）1組

布　24cm×13.5cm

＊工具

鉤針6/0號

＊完成尺寸

直約13.5cm　寬12.5cm

＊織法

1.以鎖針起針鉤2片織片。
2.織片周圍鉤緣編A。
3.2片織片反面相對重疊，三邊以緣編B併縫。
4.前片及後片鉤編緣編C，對摺後接縫於內側。
5.製作裡袋，縫在口金包內側。
6.加上彈簧式口金，以緣編C固定脇邊。

作法

①鉤2片織片，各自在周圍鉤緣編A。

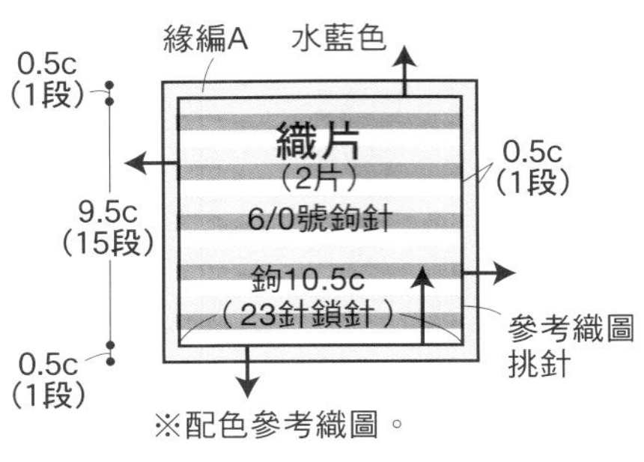

緣編A　水藍色
0.5c（1段）
織片（2片）
6/0號鉤針
9.5c（15段）
鉤10.5c（23針鎖針）
0.5c（1段）
參考織圖挑針
0.5c（1段）
※配色參考織圖。

②2片織片反面相對重疊，三邊用緣編B併縫。

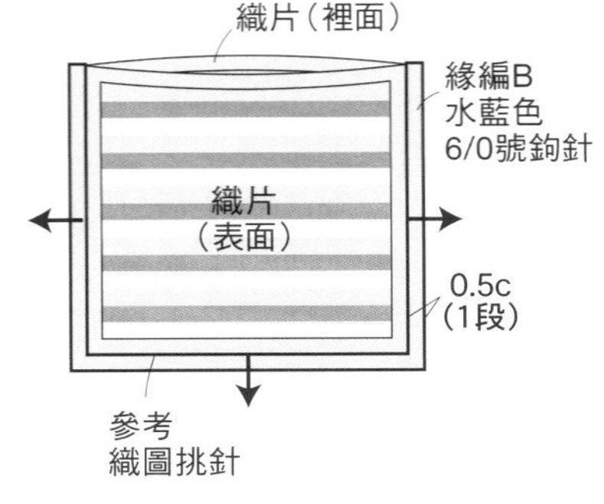

織片（裡面）
緣編B
水藍色
6/0號鉤針
織片（表面）
0.5c（1段）
參考織圖挑針

③從緣編A挑針鉤緣編C。

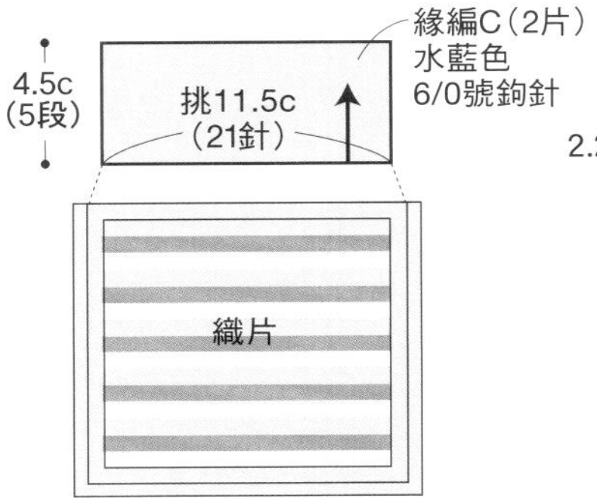

緣編C（2片）水藍色 6/0號鉤針
4.5c（5段）
挑11.5c（21針）
織片

④緣編C對摺，在內側作藏針縫。

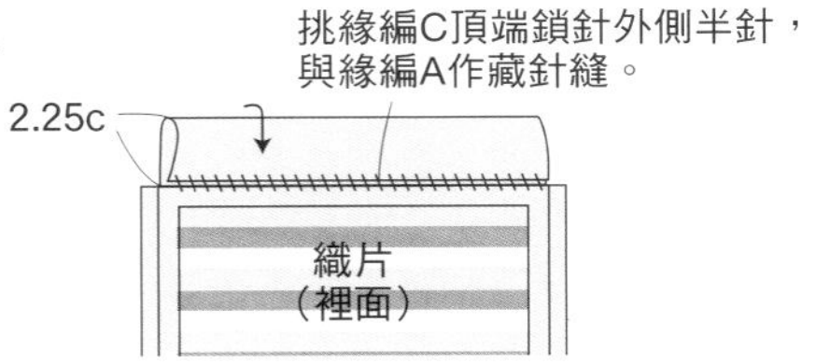

挑緣編C頂端鎖針外側半針，與緣編A作藏針縫。
2.25c
織片（裡面）

⑤以藏針縫縫合內袋。

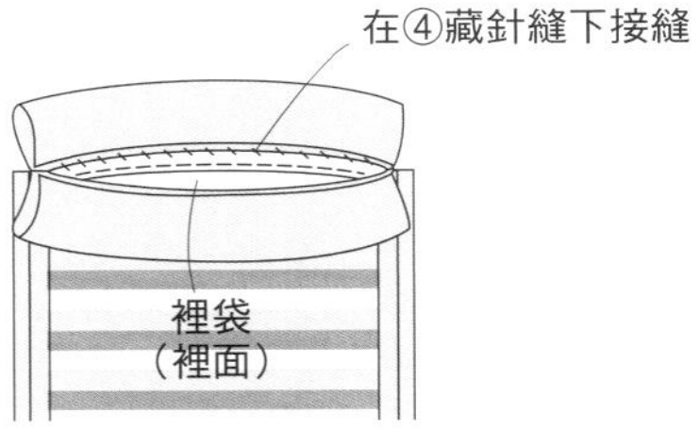

在④藏針縫下接縫
裡袋（裡面）

※參考P.36裡袋作法。

⑥加上彈簧式口金。

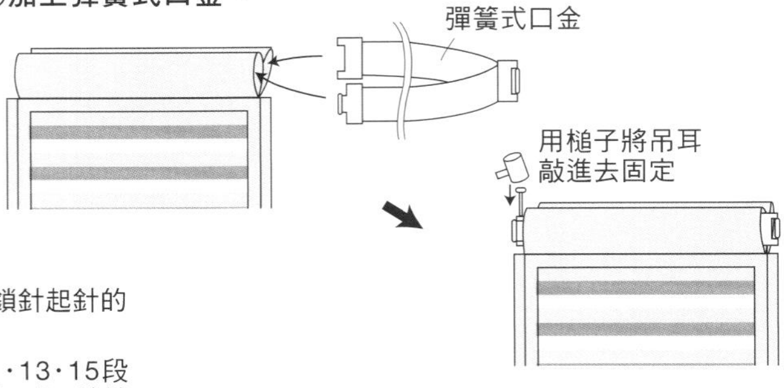

彈簧式口金
用槌子將吊耳敲進去固定

⑦緣編C脇邊以捲針縫固定。

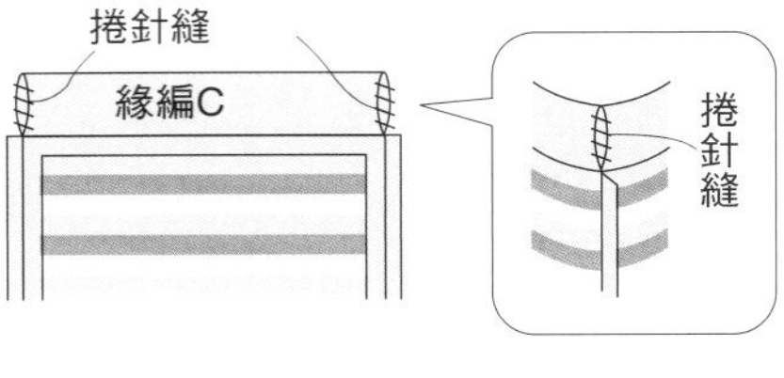

捲針縫
緣編C
捲針縫

織圖

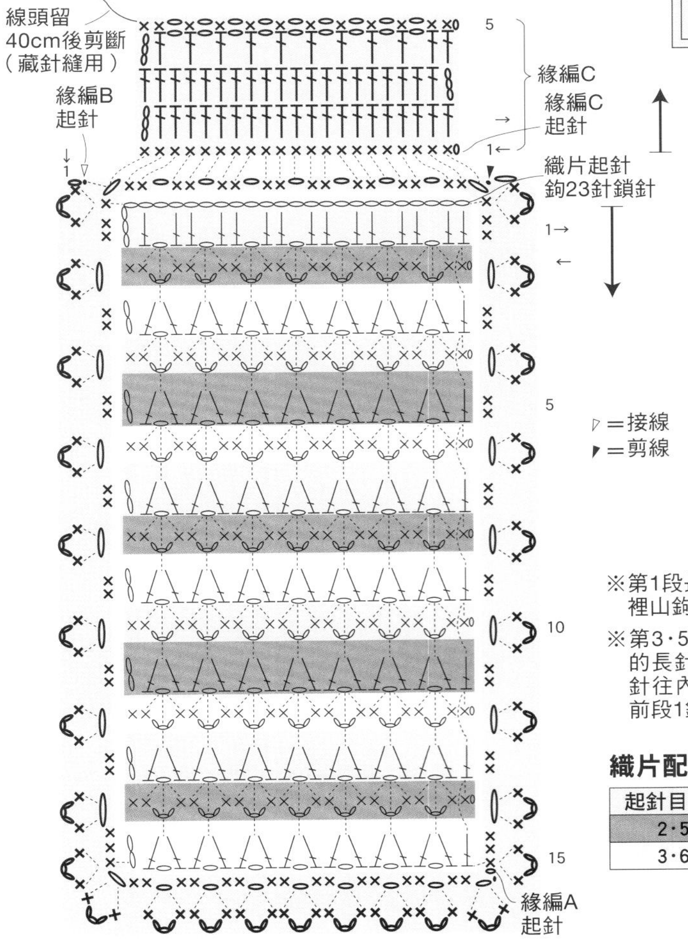

線頭留40cm後剪斷（藏針縫用）
緣編B起針
緣編C
緣編C起針
織片起針鉤23針鎖針
緣編A起針
1　5　10　15

▷＝接線
◀＝剪線

※第1段長針為挑鎖針起針的裡山鉤編。
※第3・5・7・9・11・13・15段的長針，是將前1段3針鎖針往內倒，再從背面的前前段1鎖針挑束鉤編。

織片配色

起針目1・4・7・10・13段	水藍色
2・5・8・11・14段	紫色
3・6・9・12・15段	原色

Part Ⅳ 加入串珠吧！

將珠珠穿過線材後，與毛線一起鉤編的串珠織片，

在織片上作些點綴，即便是簡單的款式也能變得時髦又華麗。

55
[串珠鉤織織片]
56
57

No.55 至 *No.57* 織法／P.40

No.55 & No.56為相同花樣設計，No.55將串珠鉤入花樣織片，

No.56在上下緣編處鉤上串珠，

而No.57則鉤入了兩種不同的串珠。

使用線材

No.55・No.56・No.57／Hamanaka Wash Cotton 棉線

No.58 & *No.59* 小提包

織法／P.81

在下襬緣編鉤上串珠的小提包，
為No.55＆No.56變化款，
加上串珠鉤編的提把及短針鉤編的袋蓋，
呈現時髦有型的風格。

58
59

玻璃瓶・桌子／AWABEES

使用線材／Hamanaka Paume《草木染》

P.38 *No.55*至*No.57*

＊使用線材

Hamanaka Wash Cotton 棉線

No.55 原色（2）10g

No.56 杏色（3）10g　原色（2）3g

No.57 原色（2）5g　水藍色（5）4g

＊其他材料

No.55 串珠（特大・乳白色）24顆

No.56 串珠（切角珠・4mm・黃玉色）24顆

No.57 串珠（切角珠・5mm・藍綠色）24顆

串珠（切角珠・4mm・水藍色）24顆

＊工具

鉤針4/0號

＊完成尺寸

No.55 直10.5cm　寬10.5cm

No.56 直15.5cm　寬10.5cm

No.57 直徑13cm（含珠子）

＊織法

No.55

1.棉線穿過24顆珠子。

2.以鎖針起針，一邊鉤編織片一邊鉤入串珠。

3.在織片周圍鉤上緣編。

No.56

1.以鎖針起針，原色棉線鉤編織片，第1段挑起針鎖針裡山鉤編。

2.在織片周圍鉤上緣編。

3.原色棉線穿過12顆珠子，織片上側鉤緣編B，一邊鉤編一邊鉤入串珠。

4.原色棉線穿過12顆珠子，織片下側也鉤上緣編B。

No.57

1.作輪狀起針，原色棉線鉤編至織片第4段。

2.以24顆珠子（5mm），24顆珠子（4mm）的順序穿過水藍色線。

3.以水藍色線鉤至織片第7段，一邊鉤編一邊鉤入串珠。

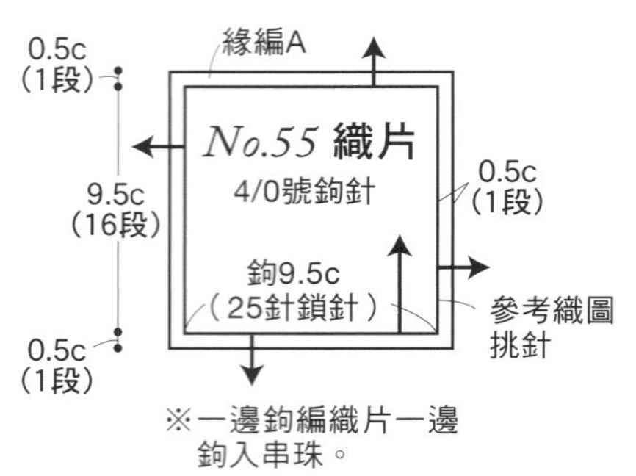

緣編A
No.55 織片
4/0號鉤針
鉤9.5c
（25針鎖針）
0.5c
（1段）
9.5c
（16段）
0.5c
（1段）
0.5c
（1段）
參考織圖
挑針
※一邊鉤編織片一邊
鉤入串珠。

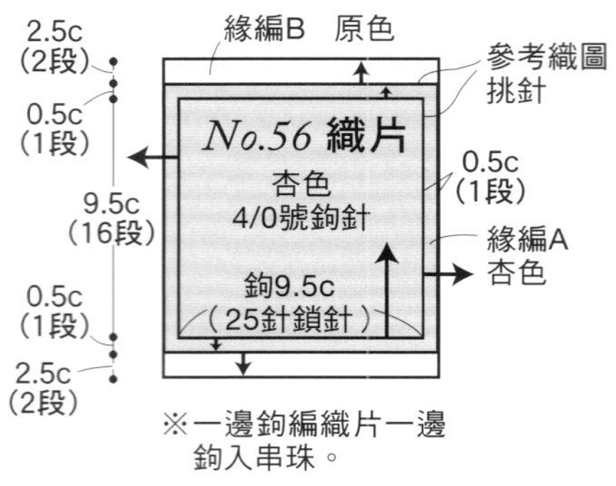

緣編B　原色
參考織圖
挑針
No.56 織片
杏色
4/0號鉤針
鉤9.5c
（25針鎖針）
2.5c
（2段）
0.5c
（1段）
9.5c
（16段）
0.5c
（1段）
2.5c
（2段）
0.5c
（1段）
緣編A
杏色
※一邊鉤編織片一邊
鉤入串珠。

No.55・*No.56* 織圖

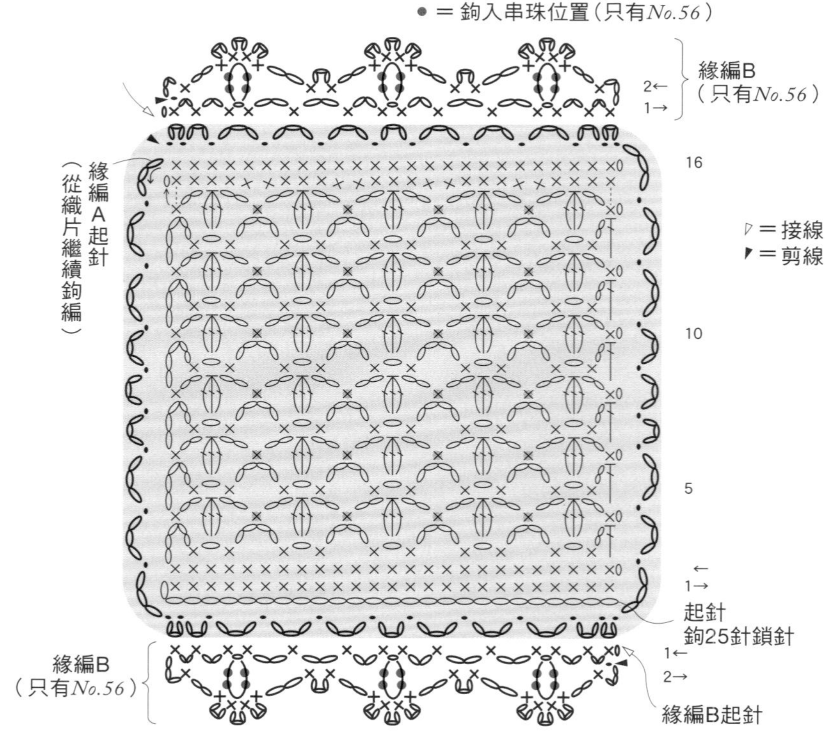

○＝鉤入串珠位置（只有No.55）
●＝鉤入串珠位置（只有No.56）
緣編B
（只有No.56）
緣編A起針
（從織片繼續鉤編）
▷＝接線
▶＝剪線
16
10
5
起針
鉤25針鎖針
緣編B
（只有No.56）
緣編B起針

＊穿入串珠的作法

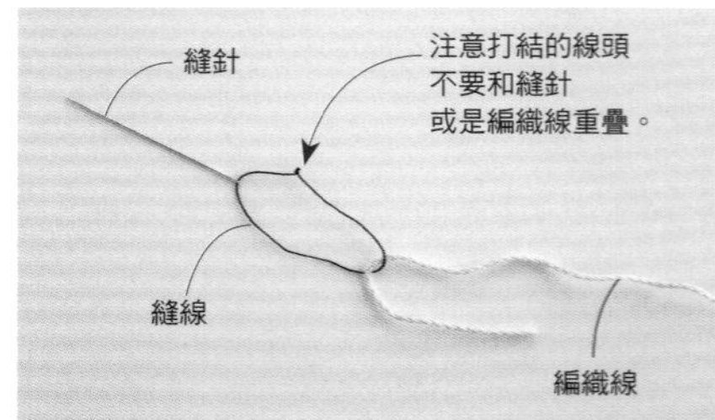

縫針
注意打結的線頭
不要和縫針
或是編織線重疊。
縫線
編織線

1　縫針穿過縫線，打結作成圈狀，線圈穿過編織線。

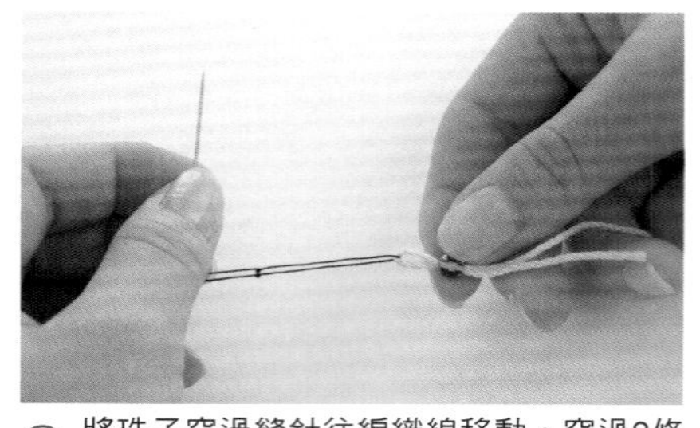

2　將珠子穿過縫針往編織線移動，穿過2條編織線時，請小心不要讓珠子破裂。

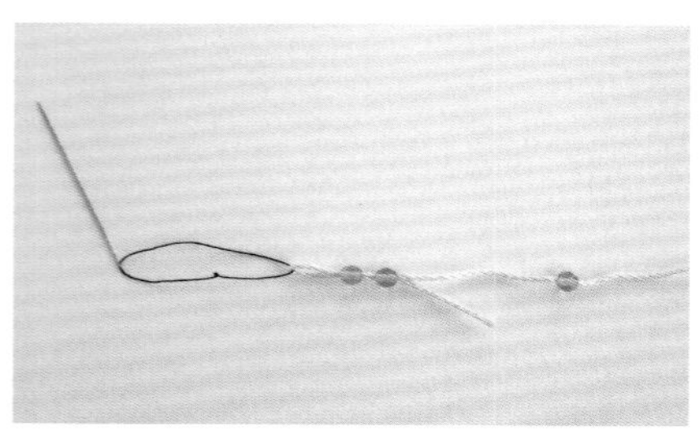

3　按照指定數量穿入珠珠，鉤編時將珠珠移到串珠鉤編的位置。

No.57 織圖

4/0號鉤針

● = 鉤入（4mm）串珠位置
● = 鉤入（5mm）串珠位置

※鉤第7段時翻至背面鉤編。
※一邊鉤編織片一邊鉤入串珠。

▽ = 接線
▼ = 剪線

13c

No.57 配色

1至4段	原色
5至7段	水藍色

＊串珠鉤法

※為使作法清楚，
刻意挑選不一樣的珠珠顏色示範。

No.55 ×

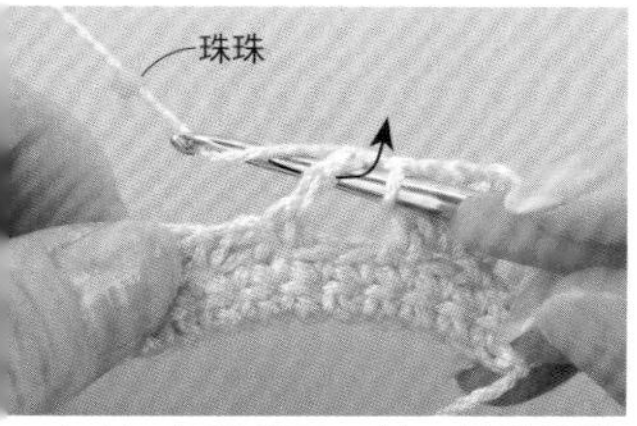

珠珠

1 在前1段鎖針下入針，鉤針掛線後依圖示引拔。

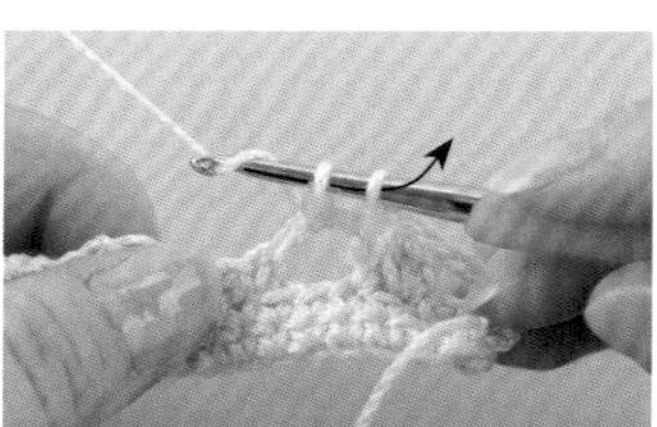

2 拉近1顆串珠後，鉤針掛線依箭頭方向一次引拔。

3 完成鉤入串珠的短針。

No.56

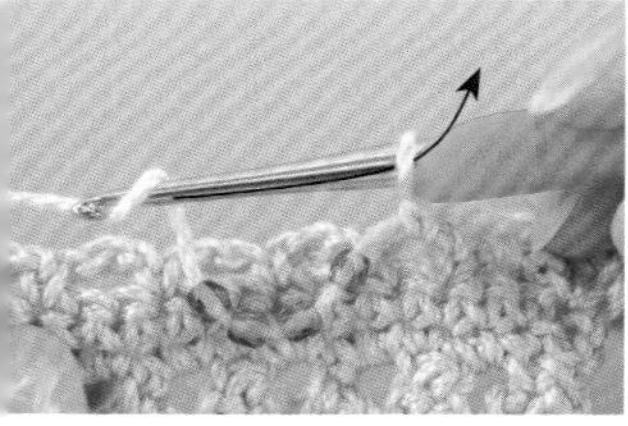

1 在前1段鎖針挑束鉤1針短針，如上圖拉近4顆珠子後鉤針掛線，依箭頭標示鉤1針鎖針。

2 鉤入串珠，接著鉤1針短針。

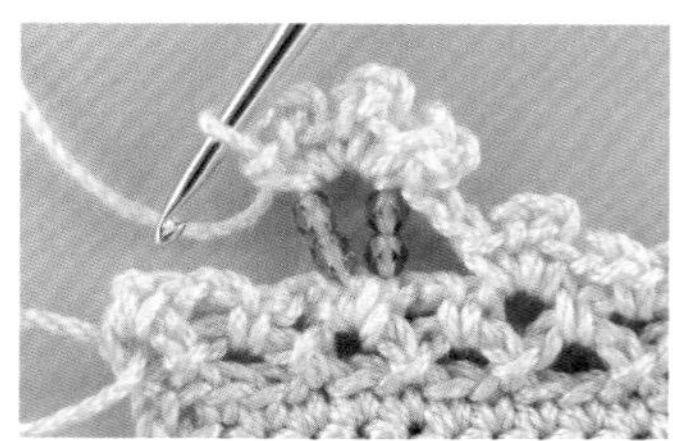

3 下1段在2顆串珠之間鉤短針及鎖針。

No.57

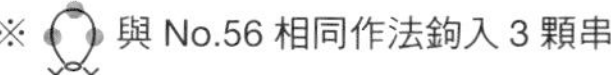

※ 與 No.56 相同作法鉤入 3 顆串珠。

1 鉤針掛線，在前1段鎖針下入針，掛線後依圖示引拔。

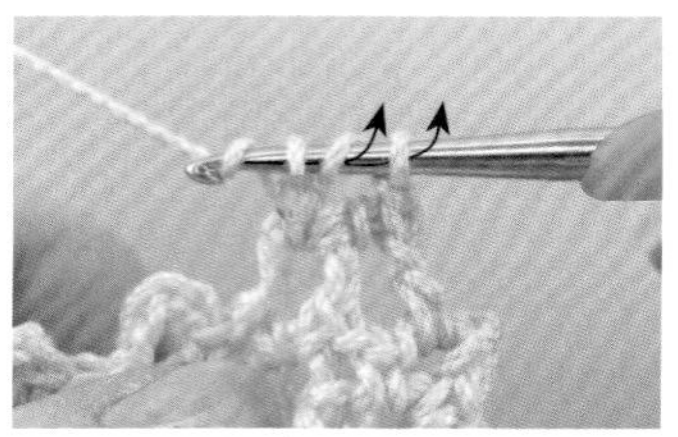

2 將1顆珠子往前移動後，鉤針掛線依箭頭標示引拔鉤長針。

3 完成鉤入串珠的長針。

＊上接 P.81

裡袋作法

①裁剪布料。

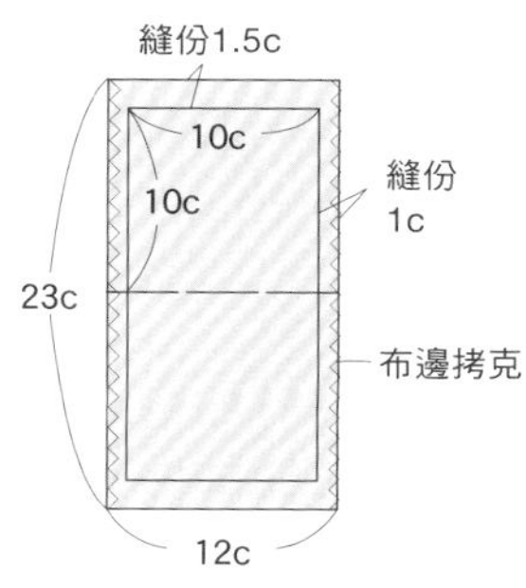

縫份1.5c
10c
10c
縫份
1c
23c
布邊拷克
12c

②對摺縫合脇邊。

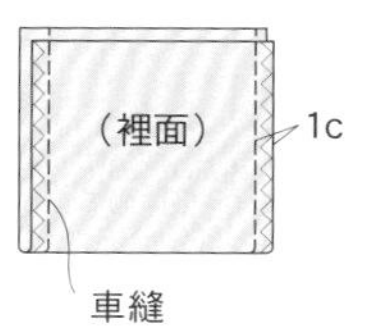

（裡面）
1c
車縫

③袋口縫份摺2褶後縫合。

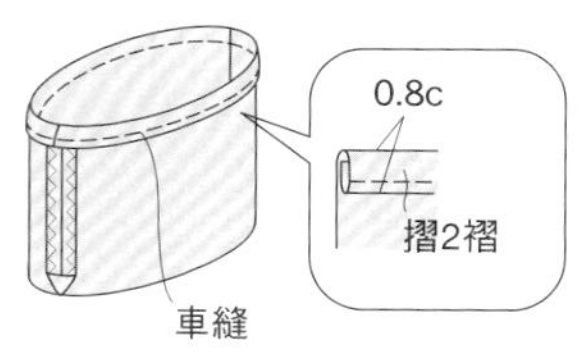

0.8c
摺2褶
車縫

④翻回表面。

（裡面）
（表面）

[串珠鉤織織帶]

60

61

No.60 & *No.61* 織法／ P.44・P.45

以較細的春夏織線鉤編而成的兩款串珠鉤織織帶。
No.60為在緣編鉤上一顆顆水滴珠的細版織帶，
No.61則是在松編圖案整體鉤上珠子的寬版織帶。

使用線材
No.60／Olympus Emmy grande 蕾絲線
No.61／Olympus Emmy grande 蕾絲線（herbs）

62

No.62 髮帶

織法／P.44

No.61的織帶使用混了柔軟蓬鬆毛海的秋冬毛線鉤編，
作出時尚迷人的髮帶。

使用線材／Olympus Silky Franc 毛線

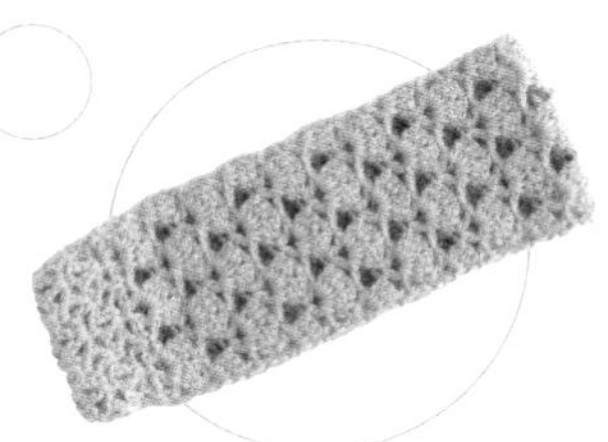

63

No.63 胸花鉤織項鍊

織法／P.44

將No.60的織帶鉤長一些，即可作成鉤織項鍊，
使用相同線材鉤編P.46 No.67 & No.68的立體花朵織片，
作成胸針裝飾在項鍊上吧！

使用線材／Olympus Makemake flavor 喜悅駝羊毛線

P.42·43 *No.60*至*No.63*

＊使用線材

Olympus Emmy grande 蕾絲線

No.60 原色（804）4g

Olympus Emmy grande 蕾絲線（herbs）

No.61 淺咖啡色（814）8g

Olympus Silky Franc 毛線

No.62 淺紫色（108）25g

Olympus Make make flavor 喜悅駝羊毛線

No.63 深粉紅色（308）35g

＊其他材料

No.60 串珠（水滴珠・4mm・淺黃色）17顆

No.61 串珠（特大珠・4mm・銀色）37顆

No.62 串珠（中空玻璃珠・5mm・紫色）52顆
鬆緊髮圈（直徑5cm）1個

No.63 串珠（中空玻璃珠・5mm・紫紅色）120顆
別針（30mm）1個

＊工具

No.60・*No.61* 鉤針2/0號

No.62 鉤針5/0號

No.63 鉤針7/0號

＊完成尺寸

No.60 直21cm　寬3cm

No.61 直19.5cm　寬5.5cm

No.62 寬9cm　頭圍約47cm

No.63 寬5cm　長140.5cm

＊織法

No.60

1.棉線穿過17顆珠子。（參考P.40）

2.以鎖針起針，花樣編鉤編織片
　一邊鉤入串珠。

No.61

1.棉線穿過37顆珠子。

2.以鎖針起針，花樣編鉤編織片一邊鉤入串珠。

No.62

1.棉線穿過52顆珠子。

2.以鎖針起針，花樣編A·B一邊鉤編織片一邊鉤入串珠。

3.挑起針目，鉤編花樣編B。

4.兩端夾住鬆緊髮圈縫合，將髮帶縫成圈狀。

No.63

1.棉線穿過111顆珠子。

2.以鎖針起針，花樣編鉤織項鍊時一邊鉤入串珠。

3.鉤編胸花後縫上串珠。

No.62 織圖
5/0號鉤針

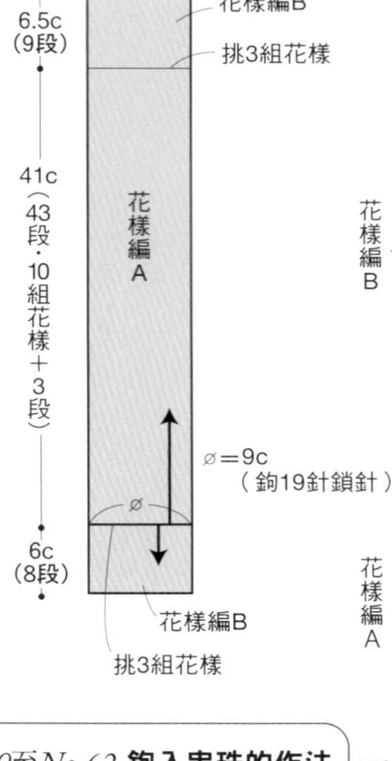

花樣編B
挑3組花樣
6.5c
(9段)
41c
(43段·10組花樣＋3段)
花樣編A
⌀＝9c
（鉤19針鎖針）
6c
(8段)
花樣編B
挑3組花樣

*No.60*至*No.62* 鉤入串珠的作法

珠珠

在鉤入串珠位置
鉤入珠子

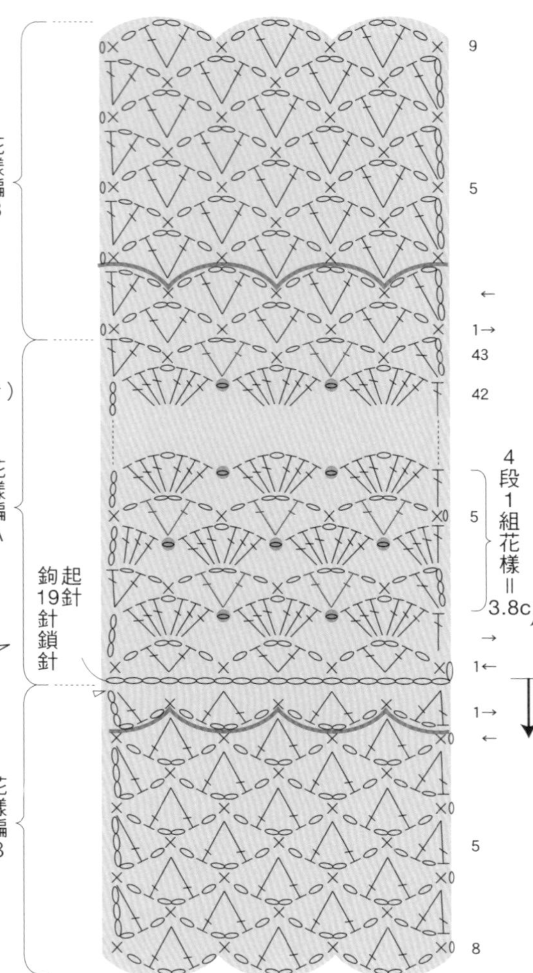

No.62 織圖
＝反摺縫合固定位置
●＝鉤入串珠位置
（鎖針各鉤入1顆珠子）
花樣編B
花樣編A
花樣編B
鉤起19針鎖針
9
5
1→
43
42
4段1組花樣＝3.8c
5
1←
1→
5
8

※花樣編A第1段短針及長針為挑起針的鎖針半針及裡山鉤編。

※ 的長針為挑前1段鎖針2條線鉤編。

No.62 完成圖

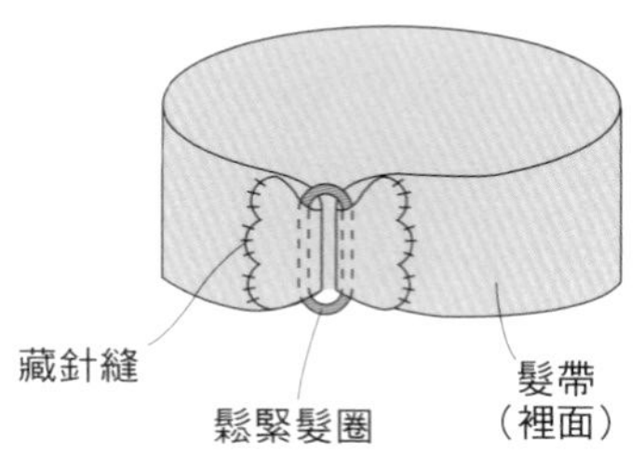

藏針縫
鬆緊髮圈
髮帶
（裡面）

髮帶兩端穿過髮圈
反摺縫合固定。

No.60 織圖

2/0號鉤針

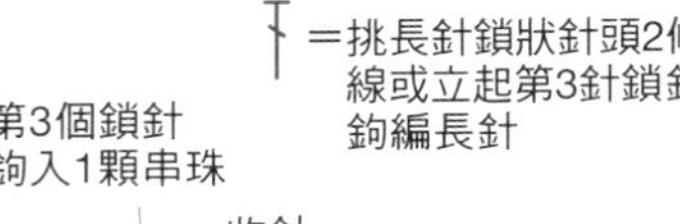

=挑長針鎖狀針頭2條
線或立起第3針鎖針
鉤編長針

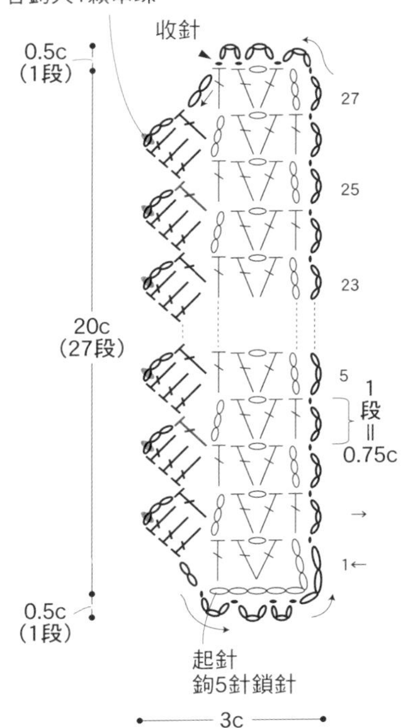

在第3個鎖針
各鉤入1顆串珠
收針
0.5c
(1段)
20c
(27段)
0.5c
(1段)
27
25
23
5
1
段
=
0.75c
1←
起針
鉤5針鎖針
3c

※第1段長針為挑起針的鎖針半針和裡山鉤編。

No.61 織圖

2/0號鉤針

●＝鉤入串珠位置
（鎖針各鉤入1顆串珠）

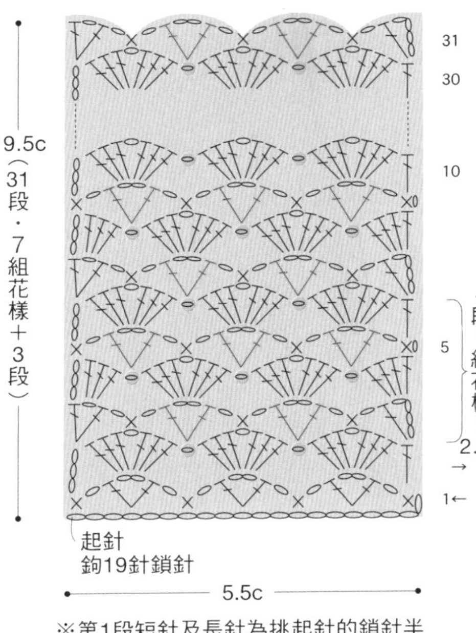

19.5c
（31段・7組花樣＋3段）
31
30
10
5
4段1組花樣=2.5c
1←
起針
鉤19針鎖針
5.5c

※第1段短針及長針為挑起針的鎖針半針和裡山鉤編。

※ 的長針為挑前1段鎖針的2條線鉤編。

No.63 項鍊織圖

7/0號鉤針

=挑長針鎖狀針頭2條線或立起第3針鎖針鉤編長針

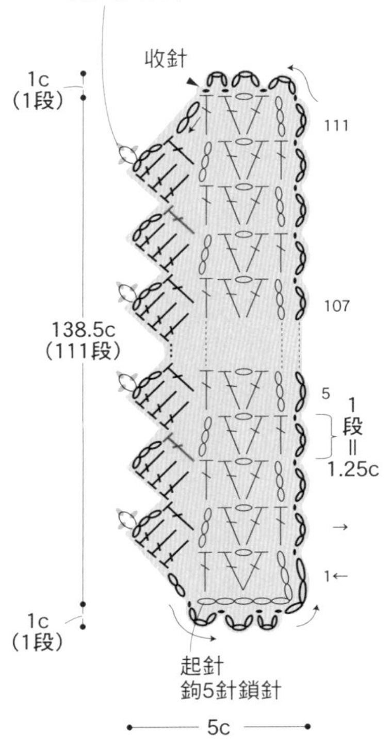

隔1組花樣，在第3針鎖針鉤入串珠
（參考P.41）
收針
1c
(1段)
138.5c
(111段)
1c
(1段)
111
107
5
1
段
=
1.25c
1←
起針
鉤5針鎖針
5c

※第1段長針為挑起針的鎖針半針和裡山鉤編。

No.63 胸花織圖

7/0號鉤針

9c
7
6
5
4
3
2
1
環

※第2・4・5段時，翻到背面鉤編。

※第3段及第6段的短針，
將前一段花瓣往內倒，
從背面挑前前段的短針。

No.63 胸花完成作法

①中心部分加上串珠。

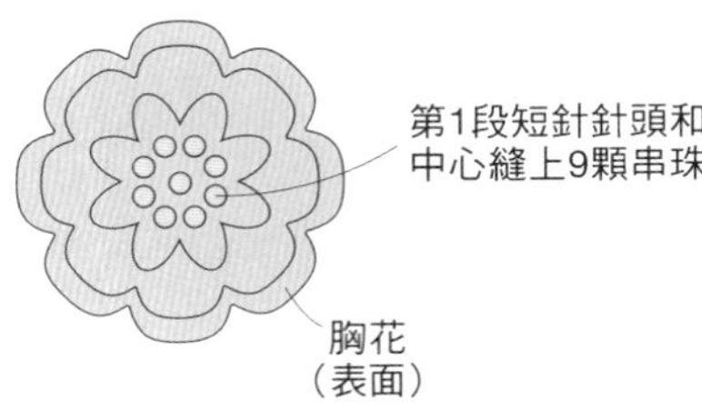

第1段短針針頭和
中心縫上9顆串珠
胸花
（表面）

②內側縫上別針固定。

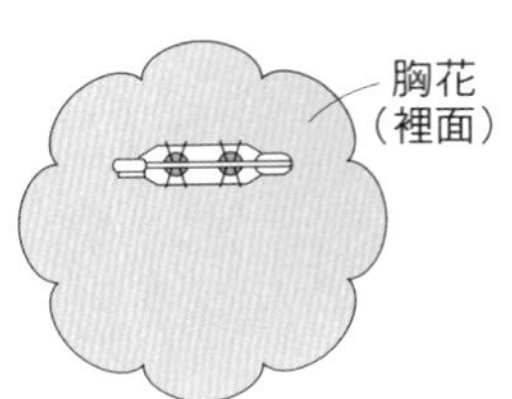

胸花
（裡面）

No.63 完成圖

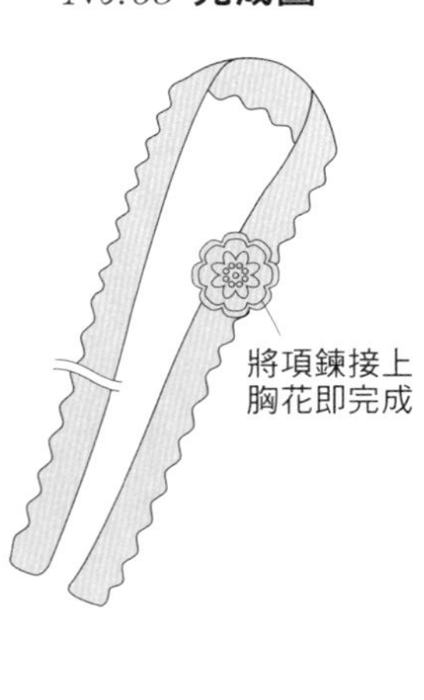

將項鍊接上
胸花即完成

Part V 立體&變化款花樣織片

可以直接當作胸花及胸針的立體或變化款織片，
將幾片小巧的織片搭配組合作，作出可愛的作品吧！

64

65

[平面&立體花朵織片]

66

67

68

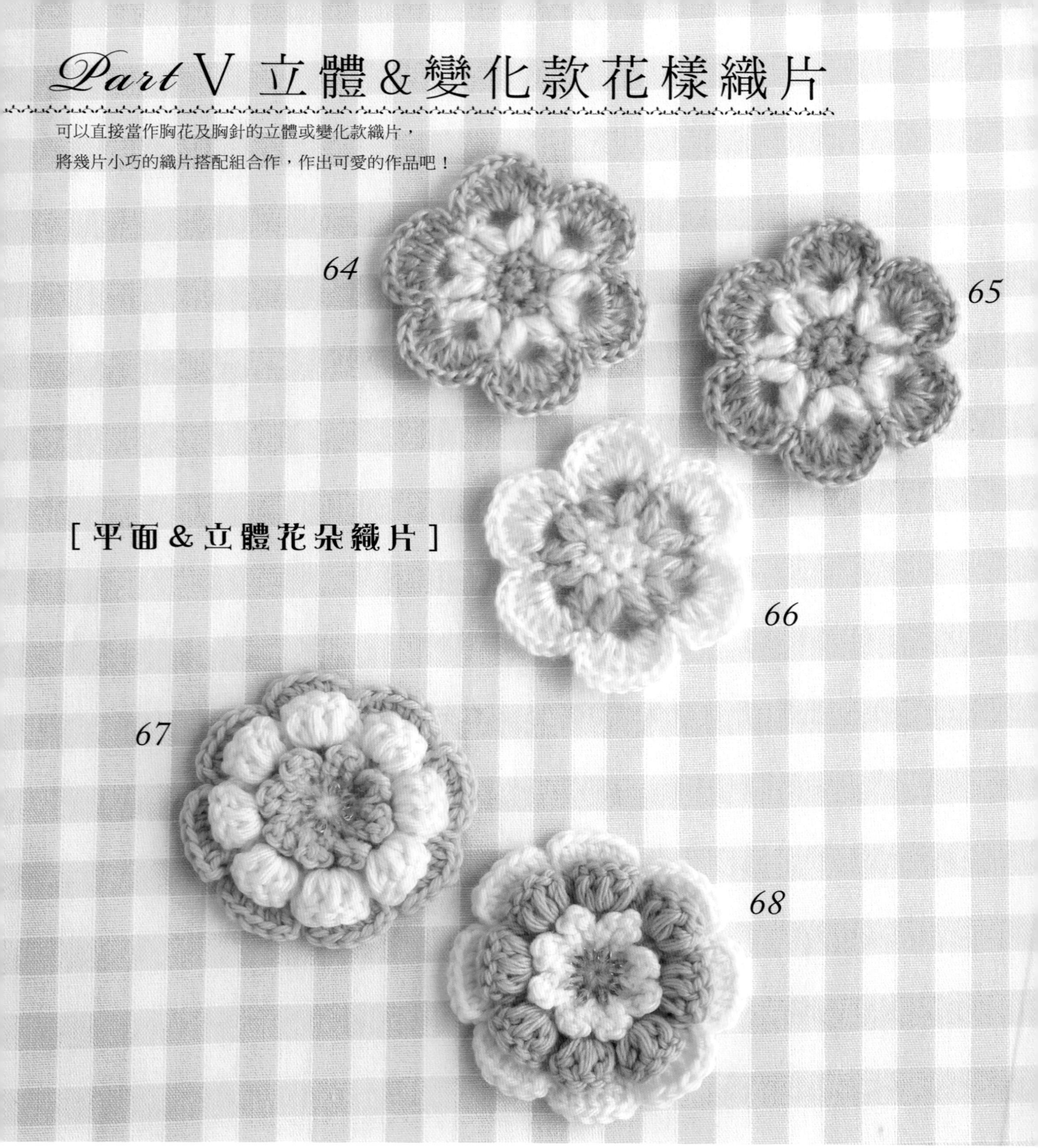

*No.64*至*No.68* 織法／P.48

圖案鮮明的花朵形狀織片，不管是平面或立體款，
只要一片就可以當作胸花或髮圈使用，
把好多片接縫起來當作圍巾也很可愛喔！

使用線材
No.64・No.65・No.66／Daruma Perfume 毛線
No.67・No.68／Daruma頂級美麗諾毛線（粗）

No.64・No.65・No.66應用款→P.68-No.102
No.67・No.68應用款→P.43-No.63

69

70
71

No.69 胸花
No.70 & *No.71* 胸花
No.72 髮圈

織法／ P.48

應用No.67・No.68立體花朵織片作法，
完成的三款胸花＆髮圈。
即便是相同作法的織片，只要稍微更換線材的材質、粗細、配色及鉤編段數，就可以營造出不同的氛圍，花心的裝飾也可以依個人喜好設計。

使用線材 No.69／超極太毛線
No.70・No.71／Daruma 朝もやラ・セーヌ
No.72／Daruma 頂級美麗諾毛線（粗）

72

P.46・P.47 *No.64*至*No.72*

＊使用線材

Daruma Perfume 毛線
No.64 淺紫色（10）3g　原色（2）2g
No.65 淺藍色（5）3g　原色（2）2g
No.66 原色（2）3g　杏色（3）2g
Daruma頂級美麗諾毛線（粗）
No.67 原色（1）4g　黃綠色（16）4g
No.68 原色（1）4g　淺粉紅色（6）4g
No.72 朱紅色（19）4g　胭脂紅色（13）4g
超極太毛線
No.69 淺咖啡色 13g　深咖啡色 13g
Daruma 朝もやラ・セーヌ毛線
No.70 紫色（8）8g　藍色（10）3g
No.71 芥末黃色（5）8g　原色（1）3g

＊其他材料

No.67 串珠（切角珠・4mm・黃色）8顆
No.68 串珠（切角珠・4mm・淺粉紅色）8顆
No.69 鈕釦（20mm）1顆
　別針（35mm）1個
No.70・*No.71* 包釦（18mm）各1顆
　別針（30mm）各1個
No.72 串珠（切角珠・4mm・酒紅色）8顆
　鬆緊髮圈 1個

＊工具

*No.64*至*No.66* 鉤針6/0號
No.67・*No.68*・*No.72* 鉤針7/0號
No.69 鉤針7mm
No.70・*No.71* 鉤針8/0號

＊完成尺寸

*No.64*至*No.66* 直徑8cm
No.67・*No.68*・*No.72* 直徑8.5cm
No.69 直徑14cm
No.70・*No.71* 直徑10cm

＊織法

*No.64*至*No.66*
作輪狀起針鉤編織片。
No.67・*No.68*・*No.72*
1.作輪狀起針鉤編織片。
2.中間接上串珠。
3.只有*No.72*的背面要加上髮圈。
No.69・*No.70*・*No.71*
1.作輪狀起針鉤編織片。
2.中心縫上鈕釦。
3.背面縫上別針。

*No.64*至*66* 織圖

6/0號鉤針

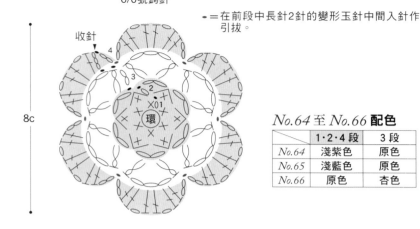

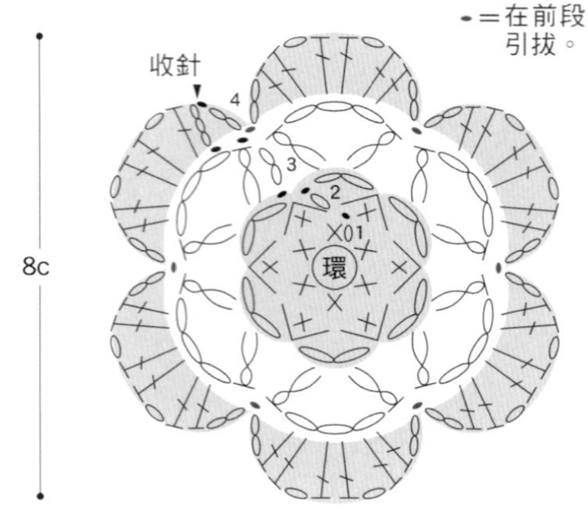

•＝在前段中長針2針的變形玉針中間入針作引拔。
收針
4
3
2
01
環
8c

*No.64*至*No.66* 配色

	1・2・4 段	3 段
No.64	淺紫色	原色
No.65	淺藍色	原色
No.66	原色	杏色

*No.69*至*No.71* 作法

①中心縫上鈕釦。

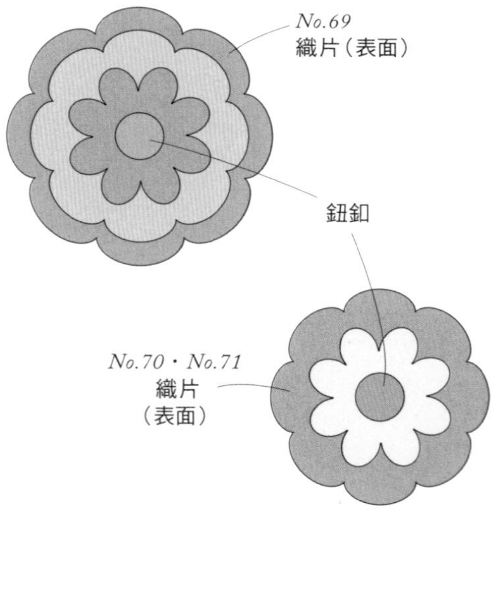

No.69
織片（表面）
鈕釦
No.70・No.71
織片
（表面）

②裡側縫上別針。

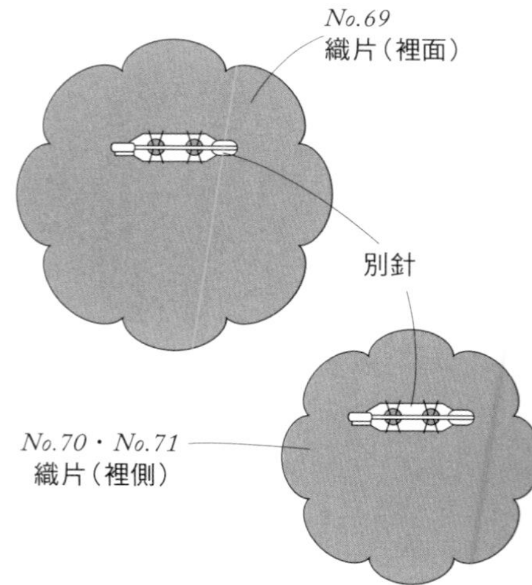

No.69
織片（裡面）
別針
No.70・No.71
織片（裡側）

*No.67*至*No.72* 織圖

No.67・*No.68*・*No.72* 7/0號鉤針
No.69 7mm鉤針
No.70・*No.71* 8/0號鉤針

※*No.67*至*No.69*・*No.72*鉤至第7段，
No.70・*No.71*鉤至第5段。
※2・4・5段翻到背面鉤編。
※第3段及第6段的短針
將前1段花瓣往製作者方向倒，
從背面挑前前段的短針。

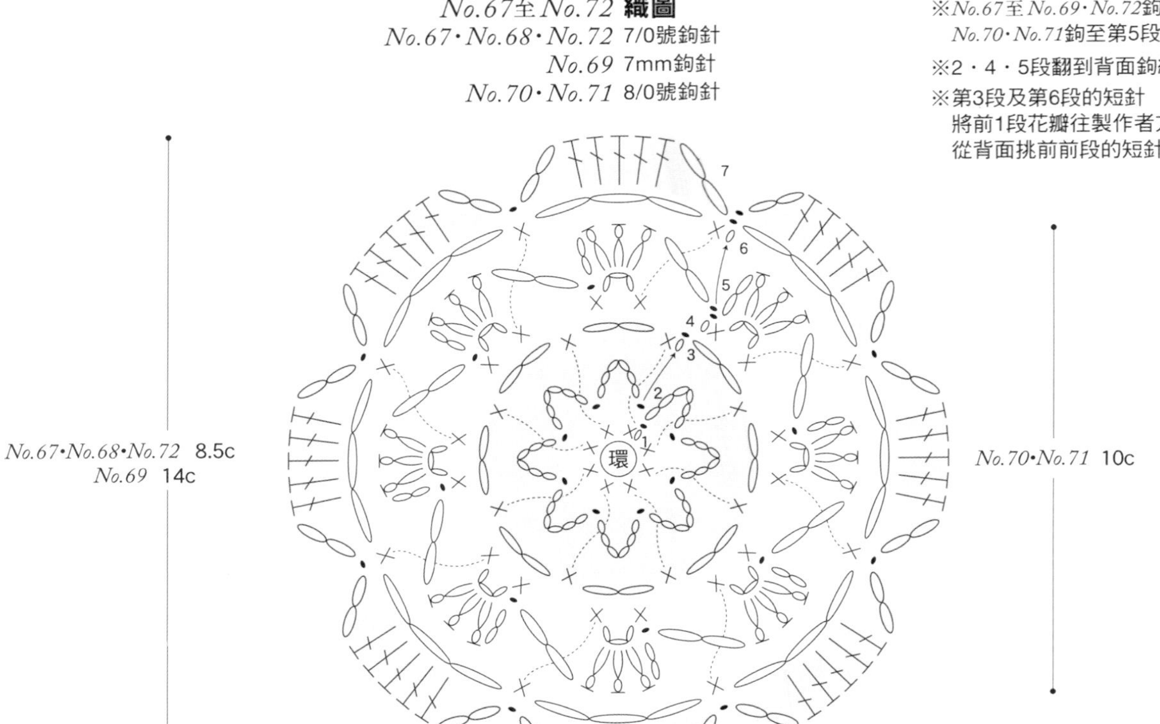

No.67・*No.68*・*No.72* 8.5c
No.69 14c
No.70・*No.71* 10c
環
1
2
3
4
5
6
7

*No.67*至*No.72* 配色

	1・4・5・6段	2・3・7段
No.67	原色	黃綠色
No.68	淺粉紅色	原色
No.69	淺咖啡色	深咖啡色
No.70	紫色	藍色
No.71	芥末黃色	原色
No.72	胭脂紅色	朱紅色

No.67・*No.68*・*No.72* 作法

①中心接縫串珠。

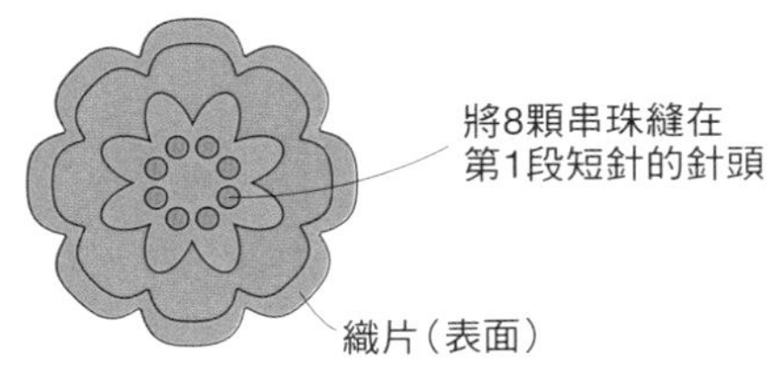

將8顆串珠縫在
第1段短針的針頭
織片（表面）

②裡側接上鬆緊髮圈。
（只有*No.72*需要）

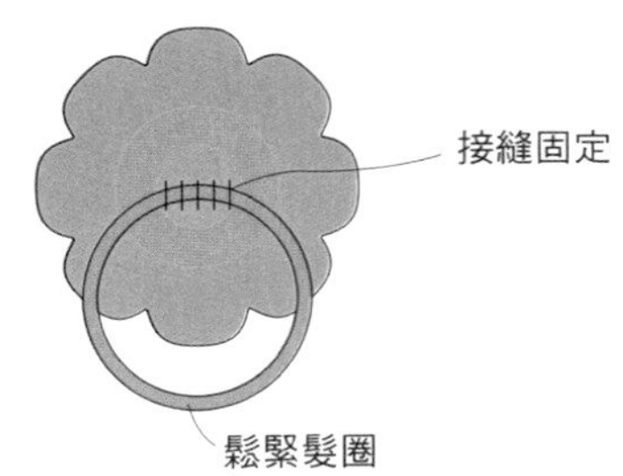

接縫固定
鬆緊髮圈

[帽子・蝴蝶結・心形織片]

73
74
75

No.73 至 *No.75* 織法／P.52

鉤成帽子・蝴蝶結・心形的變化款織片，
可以直接當作吊飾配件，
也可以添加在小物上，展現個人風格。

使用線材
No.73・No.74・No.75／並太毛線

76

77

No.76 包包吊飾
No.77 蝴蝶結髮圈
No.78 心形吊飾

織法／ P.52

將No.73的帽子倒過來加上提把，
再點綴上利用零碼布作的包釦，
就是No.76的包包造型吊飾。
No.77是將兩端變換顏色鉤編而成的可愛髮圈，
No.78則為加上珠鍊作成的心形吊飾。

使用線材
No.76・No.77・No.78／Olympus Make make flavor 喜悅駝羊毛線

桌子／AWABEES

78

P.50・P.51 *No.73*至*No.78*

＊使用線材

並太毛線

No.73 鮭紅色 4g
　原色 2g

No.74 紫色 8g

No.75 紅色 6g

Olympus Make make flavor 喜悅駝羊毛線

No.76 杏色（303）5g
　原色（301）2g

No.77 黃色（305）6g
　原色（301）2g

No.78 深粉紅色（308）7g

＊其他材料

No.73 木珠（5mm・咖啡色）1顆

No.74 鈕釦（18mm）1顆

No.75 包釦（15mm）1顆

No.76 包釦（18mm）1顆
　包釦（15mm）1顆
　問號鉤鍊條（8cm）1條
　小螞蟻珠鍊（6cm）1條

No.77 包釦（18mm）1顆
　鬆緊髮圈 1個

No.78 包釦（15mm）1顆
　小螞蟻珠鍊（15cm）1條

＊工具

鉤針7/0號

＊完成尺寸

No.73 直約5.5cm　寬約7.5cm

No.74 直約5cm　寬約8cm

No.75 直約4.5cm　寬約6cm

No.76 直約5cm　寬約7cm

No.77 直約5.5cm　寬約8.5cm

No.78 直約5cm　寬約6.5cm

＊織法

No.73

1.作輪狀起針，以短針及緣編鉤編帽子。
2.作輪狀起針，鉤編花朵織片。
3.將花朵及串珠接縫在帽子上。

No.74・*No.77*

1.以鎖針的輪狀起針，短針鉤編蝴蝶結。
2.將主體壓平重疊，鉤編緣編。
3.將蝴蝶結中間拉緊。
4.表面縫上鈕釦。
5.*No.77* 的背面接上鬆緊髮圈。

No.76

1.作輪狀起針，以短針及緣編鉤編包包。
2.包包鉤接提把。
3.包包縫上鈕釦。
4.接上鍊條。

No.75・*No.78*

1.以鎖針起針，短針鉤編前片及後片。
2.前片及後片反面相對重疊，周圍作捲針縫，
　縫合時將線頭塞進織片內。
3.*No.78* 需作吊耳。
4.縫上鈕釦，*No.78* 加上鍊子。

No.74・*No.77* 配色

	a色	b色
No.74	紫色	紫色
No.77	黃色	原色

No.74・*No.77* 織圖

7/0號鉤針

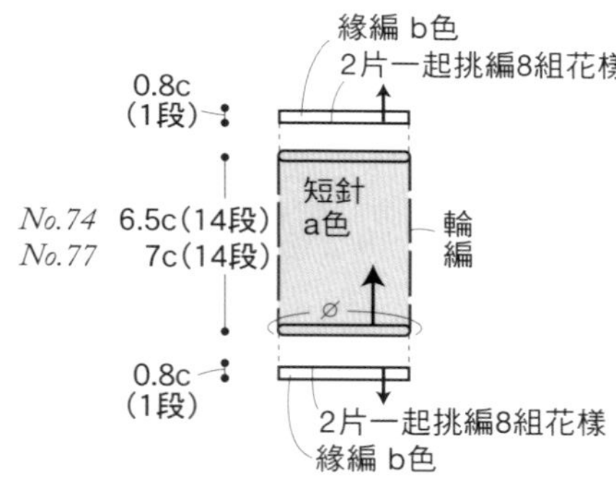

緣編 b色
2片一起挑編8組花樣
0.8c
(1段)
短針
a色
輪編
No.74 6.5c(14段)
No.77 7c(14段)
⌀
0.8c
(1段)
2片一起挑編8組花樣
緣編 b色

⌀＝ *No.74* 10c（鉤18針鎖針），輪編
　 No.77 11c（鉤18針鎖針），輪編

No.74・*No.77* 蝴蝶結織圖

※緣編為2片一起挑針鉤編。

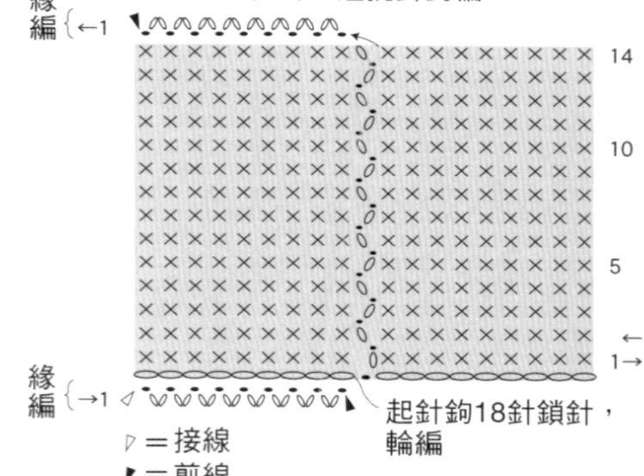

緣編
←1
14
10
5
1→
緣編
→1
起針鉤18針鎖針，
輪編
▹＝接線
▸＝剪線

※第1段的短針為挑起針鎖針的
　裡山鉤編。

No.74・*No.77* 作法

①中間拉緊。

7段
7段
用a色線將
2片一起併
縫。

拉緊

②加上裝飾。

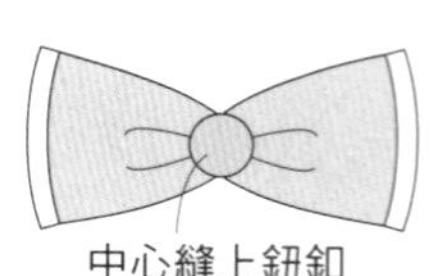

中心縫上鈕釦

裡側接縫鬆緊髮圈（只有*No.77*需要）

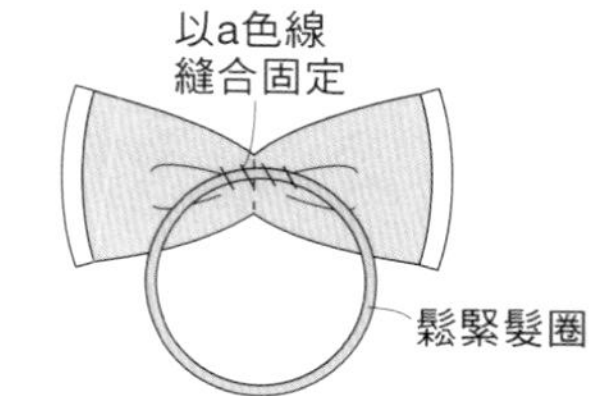

以a色線
縫合固定
鬆緊髮圈

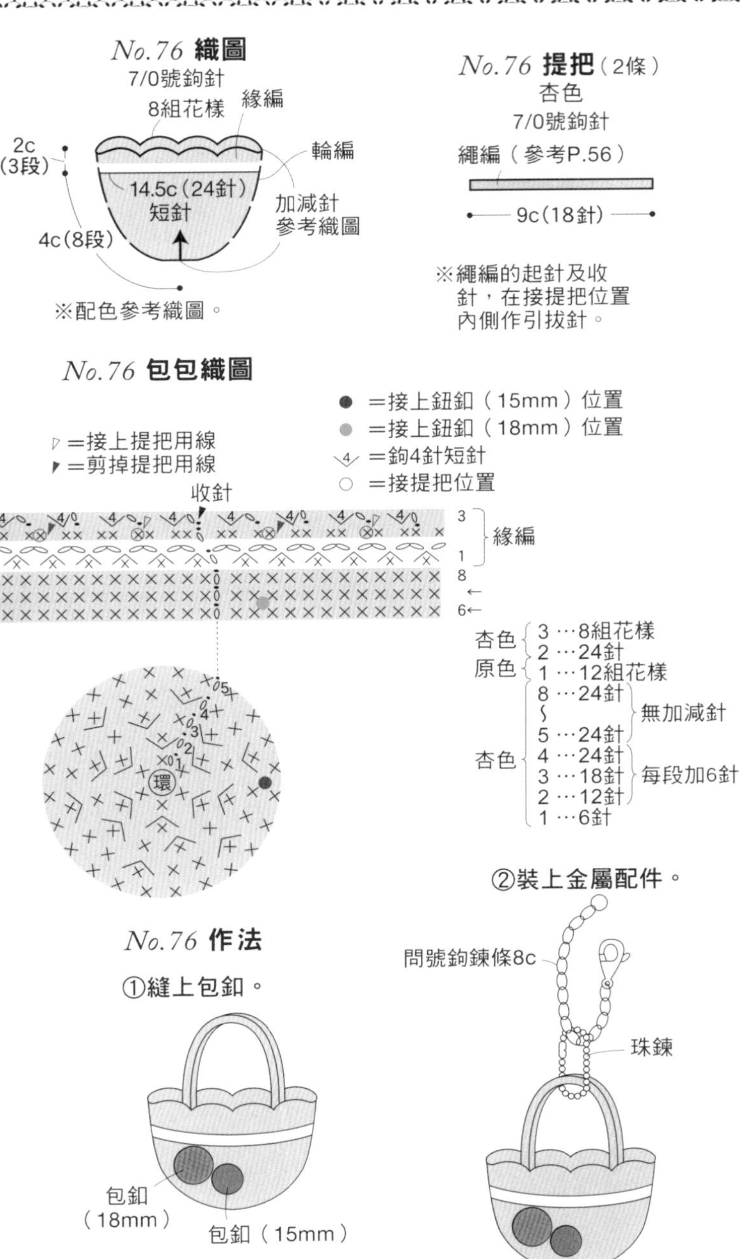

No.76 織圖
7/0號鉤針
8組花樣
緣編
輪編
2c
(3段)
14.5c(24針)
短針
4c(8段)
加減針
參考織圖
※配色參考織圖。
No.76 包包織圖
▷=接上提把用線
▶=剪掉提把用線
收針
緣編
杏色
原色
杏色
3 …8組花樣
2 …24針
1 …12組花樣
8 …24針
5 …24針
無加減針
4 …24針
3 …18針
2 …12針
1 …6針
每段加6針
環
No.76 作法
①縫上包釦。
包釦
(18mm)
包釦(15mm)

No.76 提把(2條)

杏色
7/0號鉤針

繩編(參考P.56)

9c(18針)

※繩編的起針及收針，在接提把位置內側作引拔針。

● =接上鈕釦(15mm)位置
● =接上鈕釦(18mm)位置
4 =鉤4針短針
○ =接提把位置

②裝上金屬配件。

問號鉤鍊條8c

珠鍊

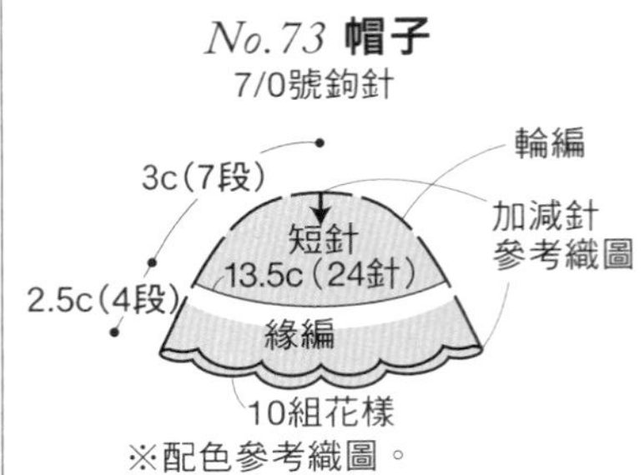

No.73 帽子
7/0號鉤針
3c(7段)
輪編
短針
13.5c(24針)
加減針
參考織圖
2.5c(4段)
緣編
10組花樣
※配色參考織圖。

No.73 花朵織片
織圖
原色 7/0號鉤針
2c
1 收針
環

No.73 帽子織圖

● =接縫花朵織片位置
4 =鉤4針短針

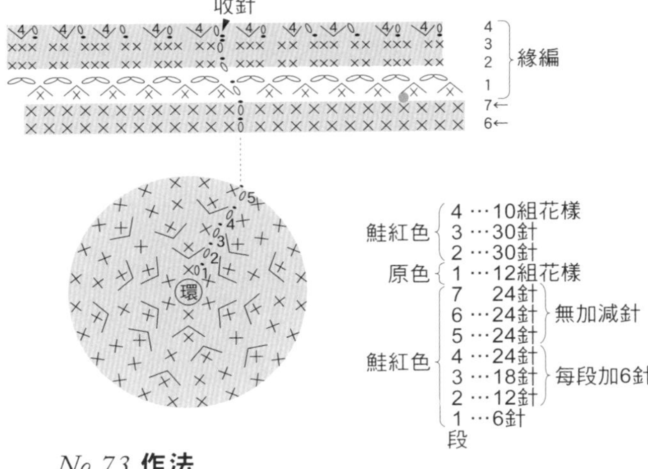

收針
緣編
環
鮭紅色
原色
鮭紅色
4 …10組花樣
3 …30針
2 …30針
1 …12組花樣
7 24針
6 …24針
5 …24針
無加減針
4 …24針
3 …18針
2 …12針
1 …6針
每段加6針
段

No.73 作法

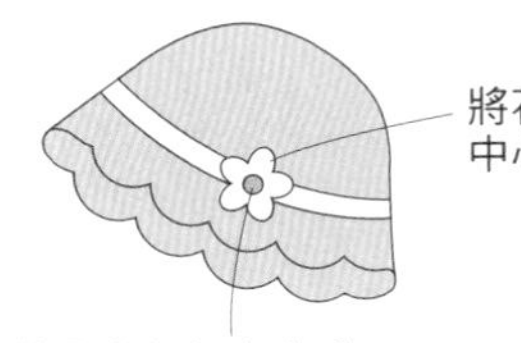

將花朵織片的中心位置接縫

花朵中心加上串珠

No.75・No.78 作法

①前片及後片重疊，周圍作捲針縫，縫合途中要將線頭填入裡面。

線頭
以前側起針剩下的線段，將周圍作捲針縫。

No.75 前片・後片織圖(各1片)

No.78 後片織圖(1片)

No.78 前片織圖(1片)

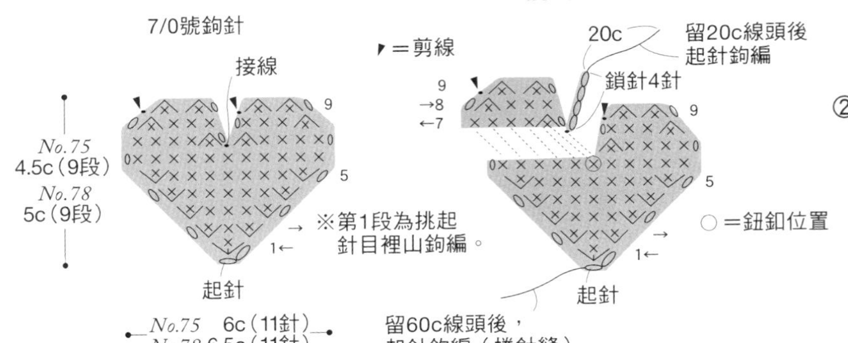

7/0號鉤針
接線
No.75
4.5c(9段)
No.78
5c(9段)
起針
No.75 6c(11針)
No.78 6.5c(11針)
▶=剪線
20c
留20c線頭後起針鉤編
鎖針4針
起針
留60c線頭後，起針鉤編(捲針縫)
※第1段為挑起針目裡山鉤編。

○=鈕釦位置

②鉤No.78時，將4鎖針的前端止縫於前片，作出吊耳。

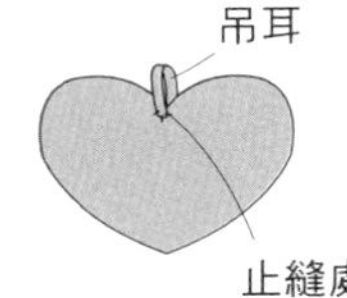

吊耳
止縫處

③縫上鈕釦，No.78將珠鍊穿過吊耳。

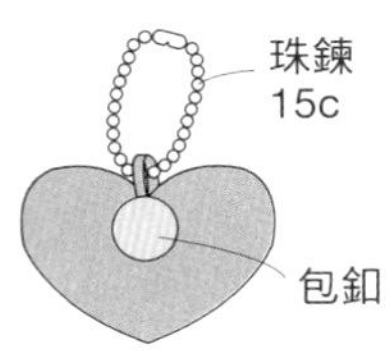

珠鍊
15c
包釦

[小巧花朵 & 葉形織片]

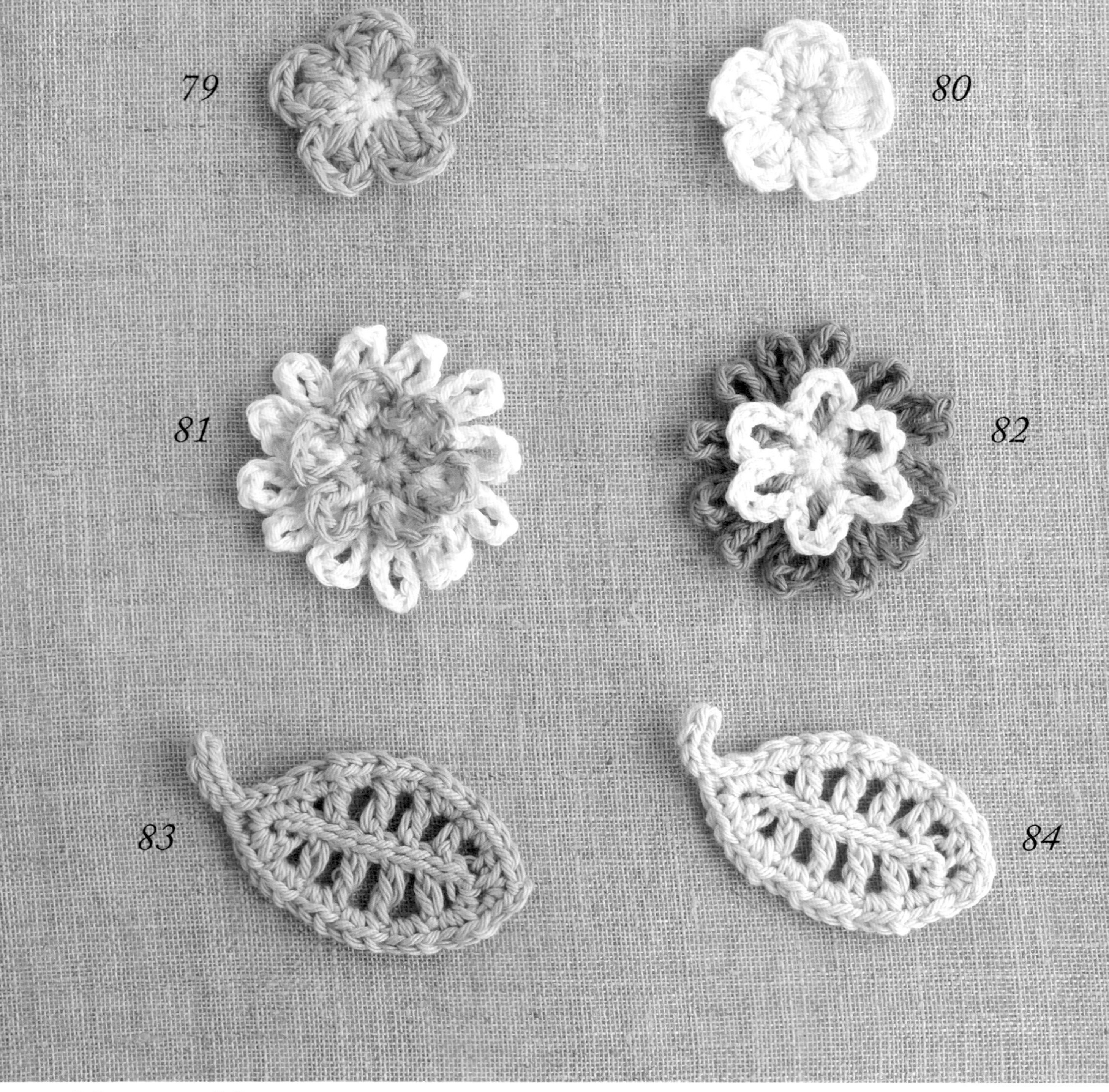
79
80
81
82
83
84

No.79 至 No.84

織法／P.56

使用線材 No.79至No.82／Hamanaka Paume《草木染》
Hamanaka Paume《無垢綿》Baby
No.83・No.84／Hamanaka Paume《草木染》

利用不同顏色線材鉤編並排在一起就很可愛，
二至三段就能鉤編出的小巧花朵＆葉片，
把織片組合起來當作胸花或是將單片作成飾品，
多變的作法，盡情發揮自己的創意吧！

No.85 耳環
No.86 & No.87 髮夾
No.88 迷你髮插

織法／P.57

利用No.79＆No.80小巧花朵織片作成的飾品。
因為很快就能完成，
可享受製作多個，組合裝扮的樂趣！

使用線材
No.85／Hamanaka Organic Wool Field
有機毛線
No.86至No.88／Hamanaka Organic Wool Mind Fiel
有機毛線

89

No.89 鉤織項鍊

織法／P.82

將P.23 No.34的織帶變化鉤編，
裝飾上許多No.81至No.84的花朵＆葉片，
就完成了時尚滿分的鉤織項鍊。

使用線材／Hamanaka Organic Wool Field 有機毛線

P.54 *No.79*至*No.84*

＊使用線材

Hamanaka Paume《草木染》
No.79 鮭紅色（53）2g
No.80 黃綠色（51）1g
No.81 鮭紅色（53）2g
No.82 可可色（54）2g
No.83 淺綠色（52）3g
No.84 黃綠色（51）3g
Hamanaka Paume《無垢綿》Baby
No.79・*No.81*・*No.82* 原色（11）2g
No.80 原色（11）1g

＊工具

鉤針5/0號

＊完成尺寸

No.79・*No.80* 直徑4cm
No.81・*No.82* 直徑5.5cm
No.83・*No.84* 直4cm　寬7cm

＊織法

*No.79*至*No.82*
作輪狀起針鉤編織片。
No.83・*No.84*
作鎖針起針鉤編織片。

No.79・*No.80* 織圖

5/0號鉤針

4c
收針
環

No.79・*No.80* 配色

	1段	2段
No.79	原色	鮭紅色
No.80	黃綠色	原色

No.81・*No.82* 織圖

5/0號鉤針

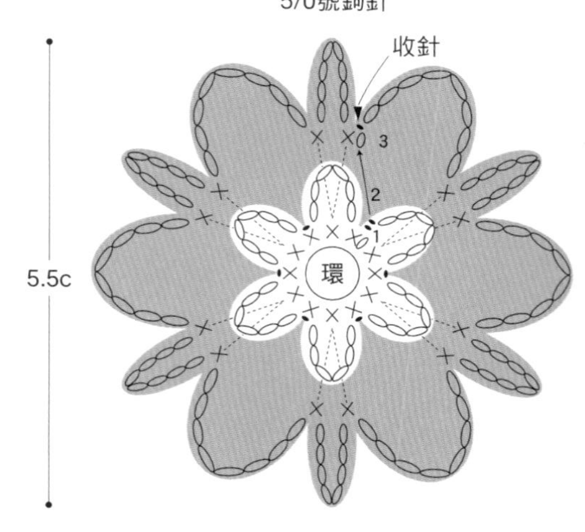
收針
5.5c
環

※第3段短針是將第2段鎖針6針往製作者方向倒，挑第1段短針鉤編。

No.81・*No.82* 配色

	1・2段	3段
No.81	鮭紅色	原色
No.82	原色	可可色

No.83・*No.84* 織圖

5/0號鉤針

• ＝挑鎖針裡山鉤引拔針

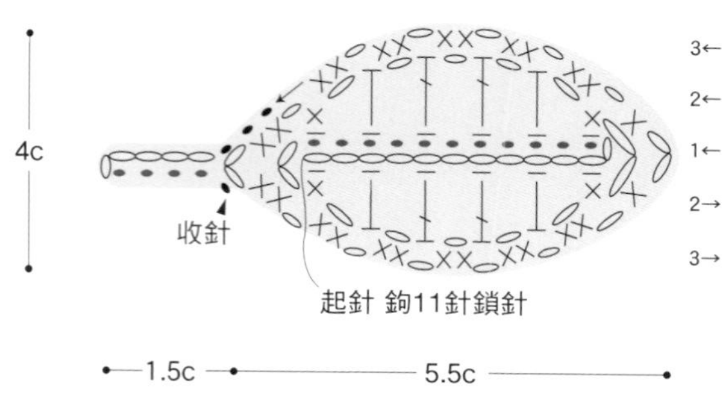
4c
收針
起針 鉤11針鎖針
1.5c
5.5c

繩編

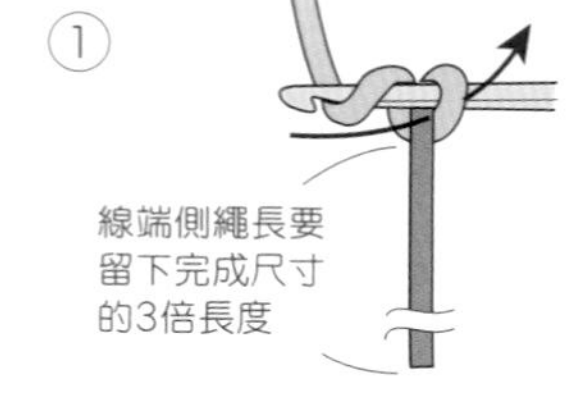
①
線端側繩長要
留下完成尺寸
的3倍長度

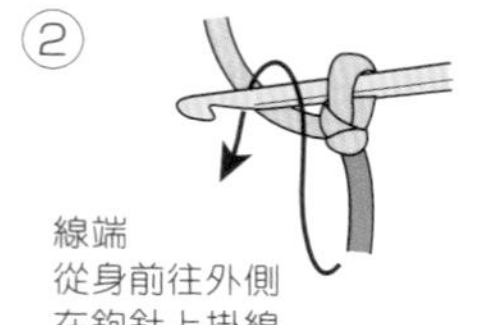
②
線端
從身前往外側
在鉤針上掛線

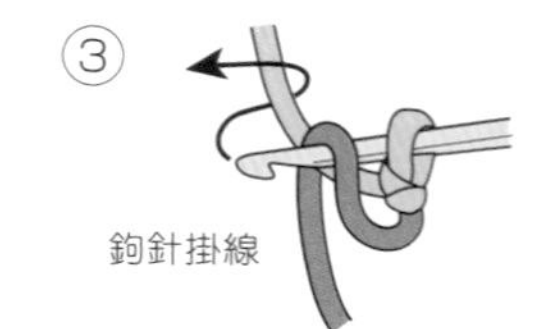
③
鉤針掛線

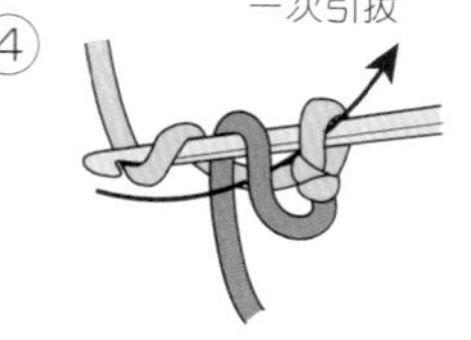
④
一次引拔

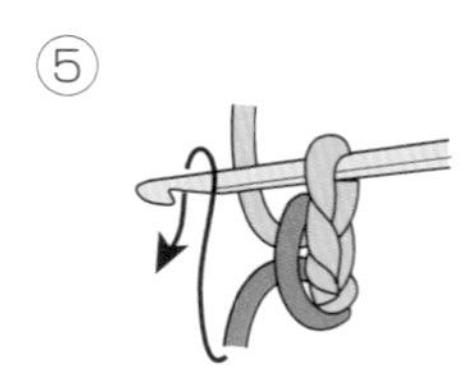
⑤
重複②至④步驟

⑥

P.55 *No.85*至*No.88*

＊使用線材

Hamanaka Organic Wool Field 有機毛線

No.85 原色（1）2g　粉紅色（7）1g

Hamanaka Organic Wool Mind Fiel 有機毛線

No.86 粉紅色（105）2g

No.87 灰色（106）2g

No.88 黃色（103）2g　原色（101）1g

＊其他材料

No.85 串珠（圓形・8mm・淺粉紅）1顆
　夾式耳鉤 1組　單圈（直徑5mm）2個

No.86 串珠（圓形・8mm・粉紅色）1顆　髮夾 1個

No.87 串珠（圓形・8mm・紫色）1顆　髮夾 1個

No.88 串珠（圓形・8mm・黃色）1顆　髮插（寬約2.5cm）1個

＊工具

No.85 鉤針5/0號

*No.86*至*No.88* 鉤針7/0號

＊完成尺寸

No.85 直徑3.5cm

*No.86*至*No.88* 直徑4.5cm

＊織法

No.85

1.作輪狀起針鉤編織片。

2.織片中心鉤上串珠。

3.將織片接上夾式耳鉤。

No.86・*No.87*

1.作輪狀起針鉤編織片。

2.織片中心鉤上串珠。

3.將織片縫上髮夾固定。

No.88

1.作輪狀起針鉤編織片。

2.織片中心鉤上串珠。

3.將織片縫上髮插。

*No.85*至*No.88* 織圖

No.85 5/0號鉤針

No.86~No.88 7/0號鉤針

●＝*No.85*鉤接單圈位置

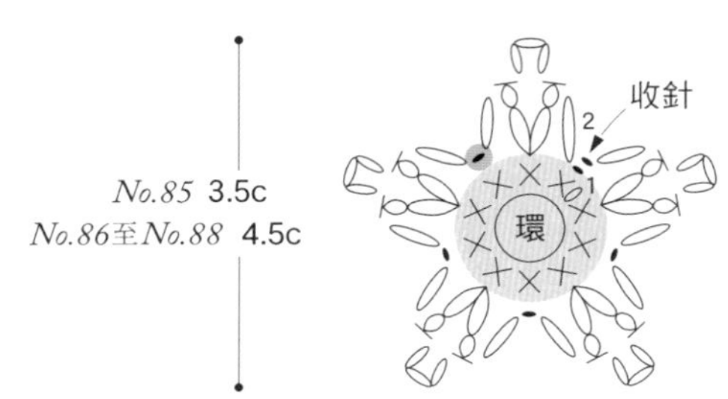

收針
2
1
環
No.85 3.5c
*No.86*至*No.88* 4.5c

配色

	1段	2段
No.85	粉紅色	原色
No.88	原色	黃色

※*No.86*・*No.87* 為單色鉤編。

No.85 作法

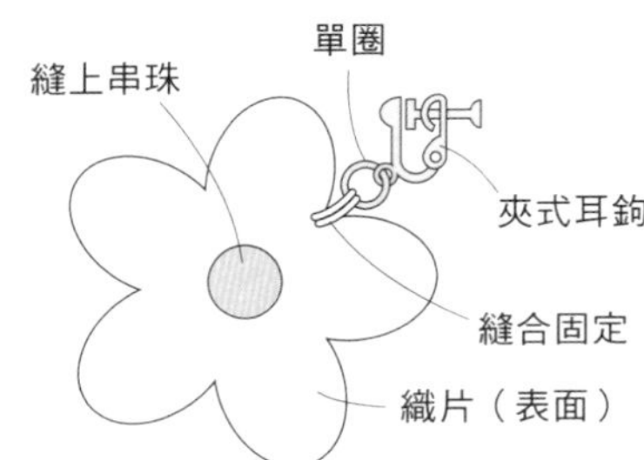

單圈
縫上串珠
夾式耳鉤
縫合固定
織片（表面）

No.88 作法

※織片表面中心和*No.85*一樣縫上珠子。

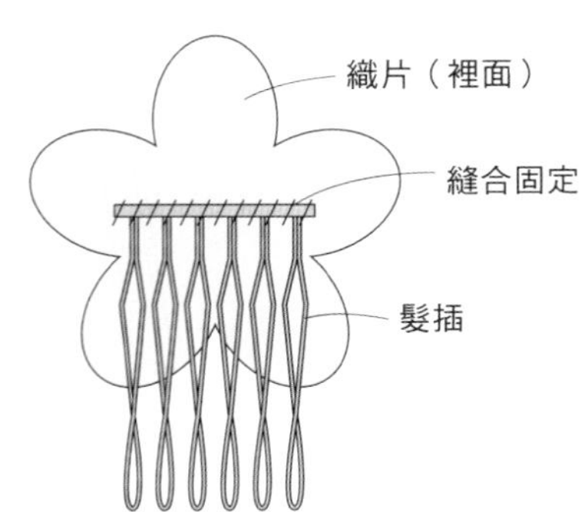

織片（裡面）
縫合固定
髮插

No.86・*No.87* 作法

※織片表面中心和*No.85*一樣縫上珠子。

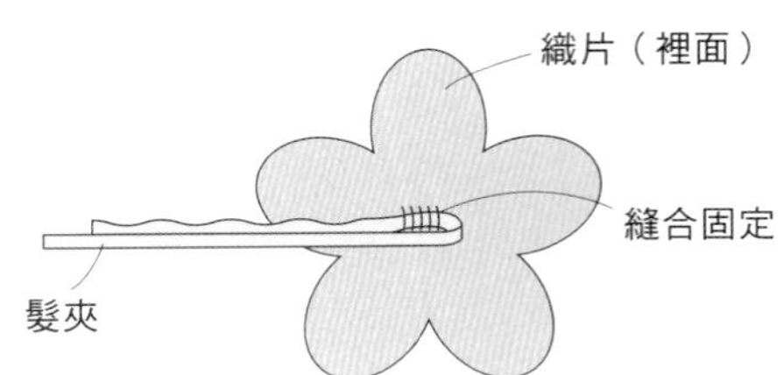

織片（裡面）
縫合固定
髮夾

Part Ⅵ 模樣編款式

鉤針鉤編的連續花樣，以往復編作成織片。

將幾枚織片接縫成作品，或者直接利用花樣作成作品吧！

[交叉針・引上針・爆米花針]

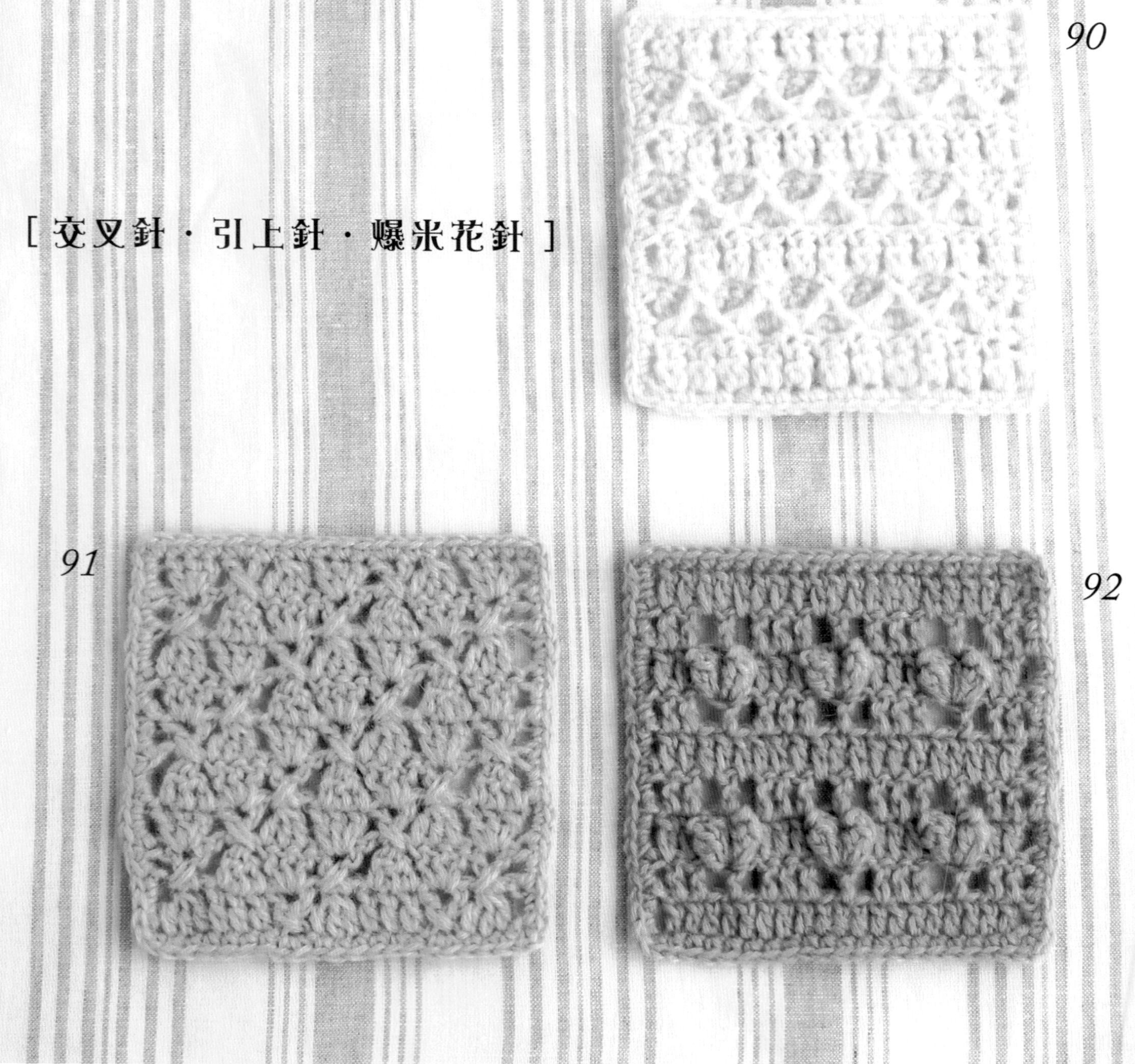

90
91
92

No.90 至 *No.92* 織法／P.60

No.90以玉針＆引上針鉤編，No.91為長針＆交叉針編織完成，

No.92則是在方眼編中加入爆米花針重複鉤編而成。

使用線材

No.90・No.91・No.92／Olympus Make make flavor 喜悅駝毛線

No.93 迷你抱枕

織法／ P.83

以粉紅色滾邊及鈕釦開孔
為特色的迷你抱枕，
No.91 &No.92的織片利用不同顏色
組合成市松圖案。

使用線材／並太毛線

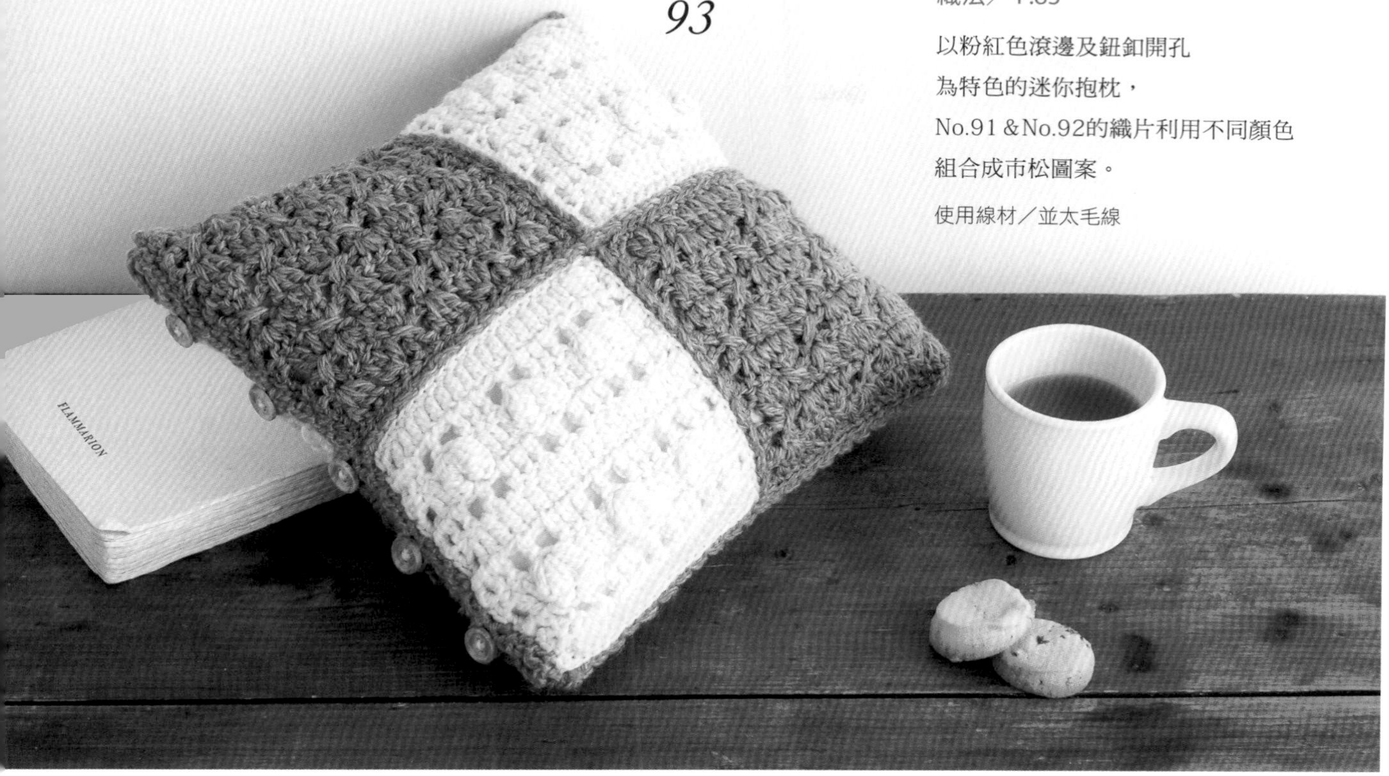

93

No.94 暖暖包小袋

織法／ P.61

將兩片No.90的織片鉤接在一起後，
加上短針鉤成袋蓋完成的四角形包包。
滾邊選用了圈圈紗毛線增加可愛感，
將作好的包包放入隨身攜帶的暖暖包來使用吧！

使用線材／Olympus Make make flavor 喜悅駝羊毛線
並太段染圈圈紗

94

籃子／Country Spice

P.58 *No.90*至*No.92*

＊使用線材
Olympus Makemake flavor
喜悅駝羊毛線
No.90 原色（301）15g
No.91 杏色（303）15g
No.92 黃色（305）15g

＊工具
鉤針7/0號

＊完成尺寸
直13cm　寬13cm

＊織法
1.以鎖針起針鉤花樣編。
2.接著周圍鉤緣編。

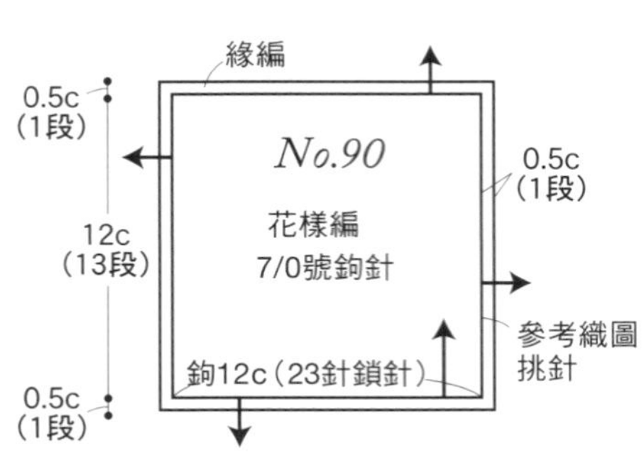

緣編
0.5c
(1段)
No.90
花樣編
7/0號鉤針
0.5c
(1段)
12c
(13段)
參考織圖
挑針
鉤12c（23針鎖針）
0.5c
(1段)

No.90 織圖

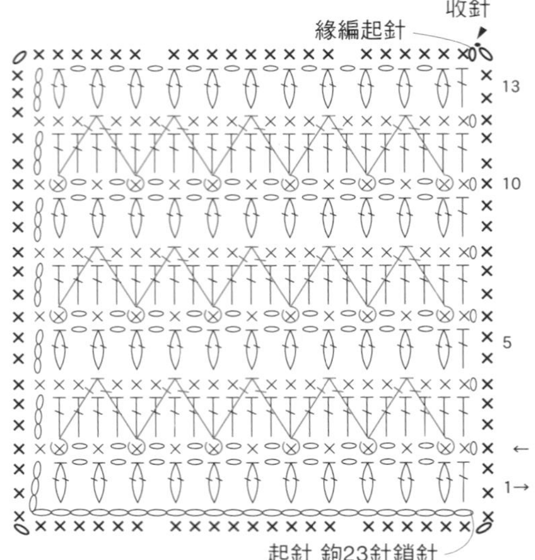

收針
緣編起針
13
10
5
1→
起針 鉤23針鎖針

※第1段挑鎖針針目裡山鉤編。

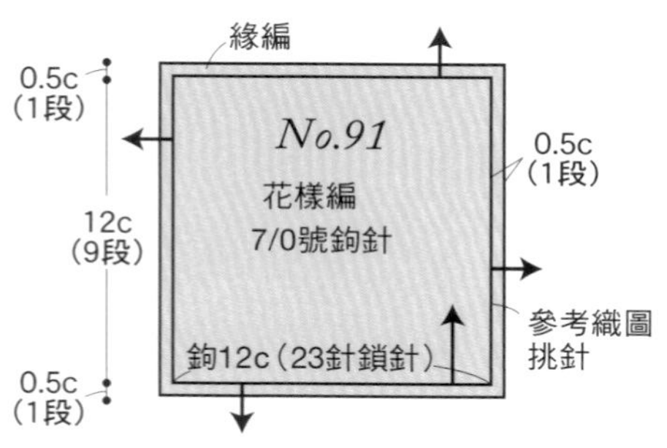

緣編
0.5c
(1段)
No.91
花樣編
7/0號鉤針
0.5c
(1段)
12c
(9段)
參考織圖
挑針
鉤12c（23針鎖針）
0.5c
(1段)

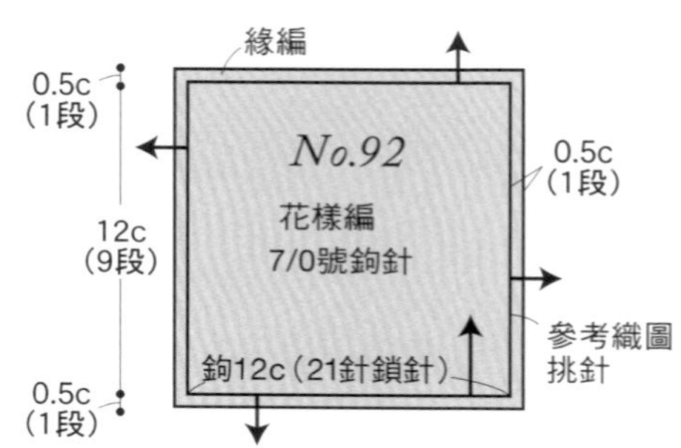

緣編
0.5c
(1段)
No.92
花樣編
7/0號鉤針
0.5c
(1段)
12c
(9段)
參考織圖
挑針
鉤12c（21針鎖針）
0.5c
(1段)

No.91 織圖

收針
緣編起針
9
5
1←
起針 鉤23針鎖針

※第1段挑鎖針針目裡山鉤編。

No.92 織圖

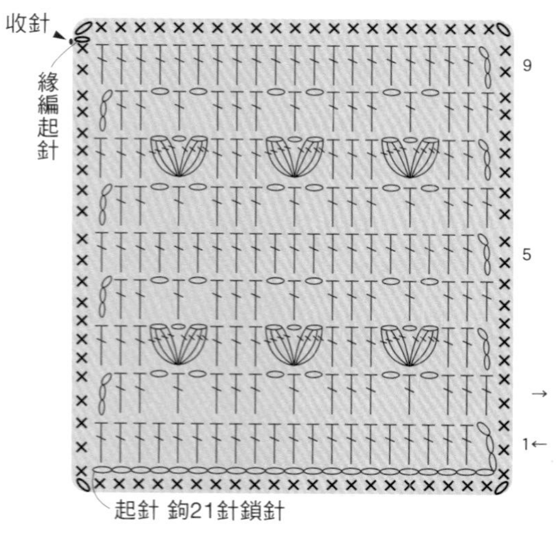

收針
緣編起針
9
5
1←
起針 鉤21針鎖針

※第1段挑鎖針針目裡山鉤編。

P.59 *No.94*

＊使用線材
Olympus Makemake flavor
喜悅駝羊毛線
粉紅色（307）25g
並太段染圈圈紗
原色・混合淺咖啡色 5g

＊其他材料
鈕釦（20mm）1個

＊工具
鉤針7/0號

＊完成尺寸
直14cm 寬14cm

＊織法
1.以鎖針起針鉤2片主體。
2.周圍鉤接緣編A。
3.挑緣編A針目，短針鉤編袋蓋。
4.2片主體反面相對重疊，
3邊鉤鎖針3針及引拔針併縫。
5.在袋口及袋蓋鉤緣編B。
6.主體前片接縫鈕釦。

袋子織圖

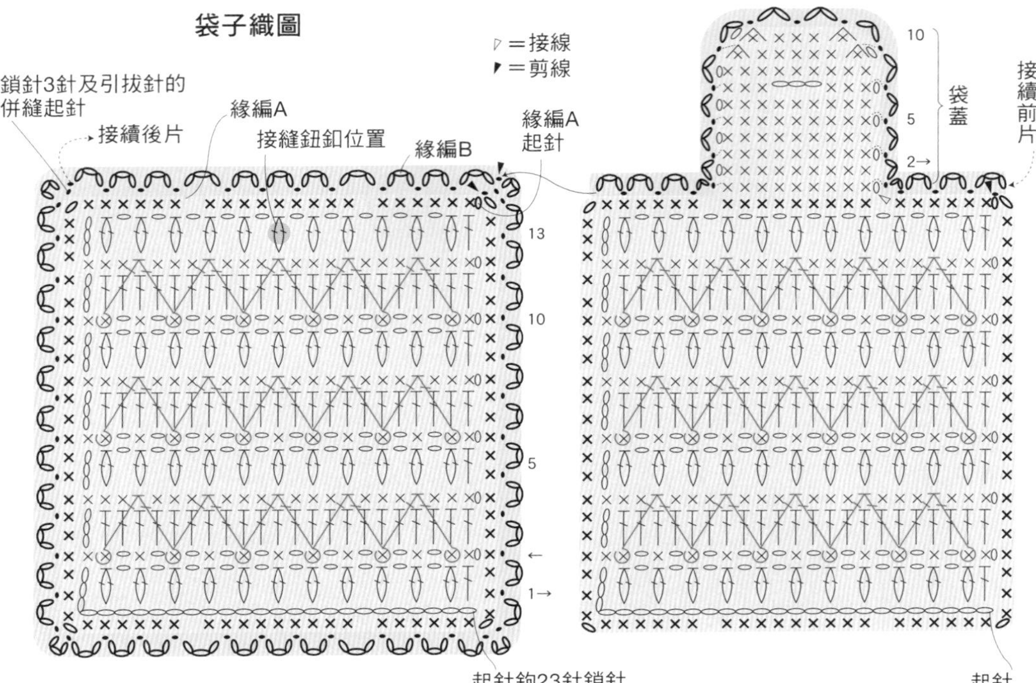

▷＝接線
▶＝剪線
鎖針3針及引拔針的併縫起針
接續後片
緣編A
接縫鈕釦位置
緣編B
緣編A 起針
袋蓋
接續前片
起針鉤23針鎖針
起針 鉤23針鎖針
※主體第1段挑鎖針起針裡山鉤編。

作法

①鉤2片織片，周圍鉤緣編A。

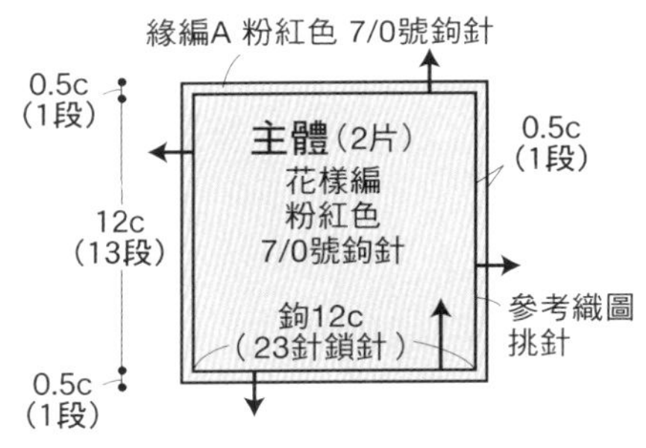

緣編A 粉紅色 7/0號鉤針
0.5c（1段）
主體（2片）
花樣編
粉紅色
7/0號鉤針
0.5c（1段）
12c（13段）
鉤12c（23針鎖針）
參考織圖挑針
0.5c（1段）

②從織片挑針鉤袋蓋。

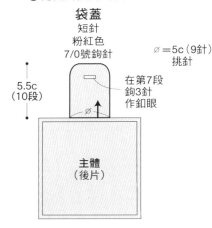

袋蓋
短針
粉紅色
7/0號鉤針
⌀＝5c（9針）挑針
5.5c（10段）
在第7段鉤3針作釦眼
主體（後片）

③2片織片反面重疊作併縫後，鉤緣編B。

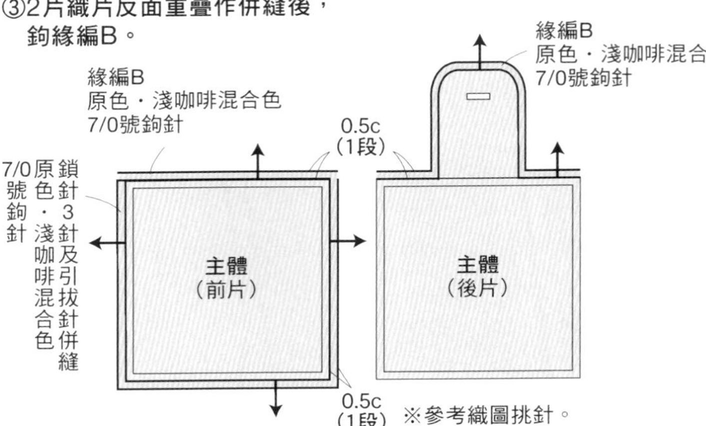

緣編B
原色・淺咖啡混合色
7/0號鉤針
鎖針3針及引拔針併縫
原色・淺咖啡混合色
7/0號鉤針
0.5c（1段）
主體（前片）
主體（後片）
0.5c（1段）
※參考織圖挑針。

④縫上鈕釦。

鈕釦

[松編・玉針・扇形編織]

95
96
97

No.95 至 *No.97* 織法／P.64

以變化款玉針作出花樣，鉤編成扇狀花樣的No.95，
利用直線及仿皮草線兩種線材，交互鉤編成松編花樣的No.96，
No.97則使用了兩色線材鉤編玉針的鏤空花樣。

使用線材
No.95／Daruma頂級美麗諾毛線（粗）
Daruma Perfume 毛線
No.96／Daruma頂級美麗諾毛線（粗）
Daruma Smoky毛線
No.97／Daruma頂級美麗諾毛線（粗）

98

No.98 兩用披肩罩衫

織法／ P.65

整件以No.95的花樣編織，
扣上鈕釦就可以當作罩衫穿著的披肩，
因為用了混有毛海的線材製作，
衣物更顯得蓬鬆暖和。

使用線材／Daruma Perfume 毛線

P.62 *No.*95至*No.*97

＊使用線材
Daruma 頂級美麗諾毛線（粗）
No.95 淺灰色（11）15g
No.96 杏色（2）6g
No.97 黃綠色（16）5g
原色（1）4g
Daruma Perfume 毛線
No.95 原色（2）3g
Daruma Smoky毛線
No.96 原色（1）4g

＊工具
鉤針7/0號

＊完成尺寸
No.95 直約12.5cm　寬約17.5cm
No.96 直約12.5cm　寬約10.5cm
No.97 直約12cm　寬約11cm

＊織法
No.95
1.以鎖針起針鉤編織片。
2.周圍鉤編緣編。
No.96・*No.97*
以鎖針起針鉤編織片。

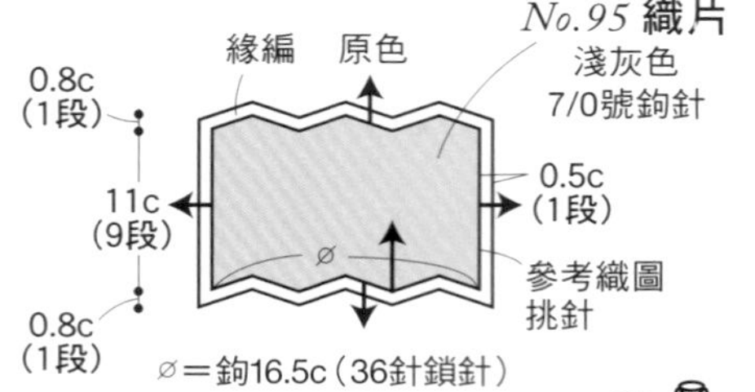

No.95 織片
淺灰色
7/0號鉤針
緣編　原色
0.8c（1段）
11c（9段）
0.5c（1段）
0.8c（1段）
參考織圖挑針
⌀＝鉤16.5c（36針鎖針）

- ＝在織片第9段長針及長針間入針，鉤編引拔針。

※挑鎖針起針裡山鉤第1段長針

No.95 織圖
收針
緣編起針
9
5
4段1組花樣
1←
起針
鉤36針鎖針（3組花樣）
1組花樣

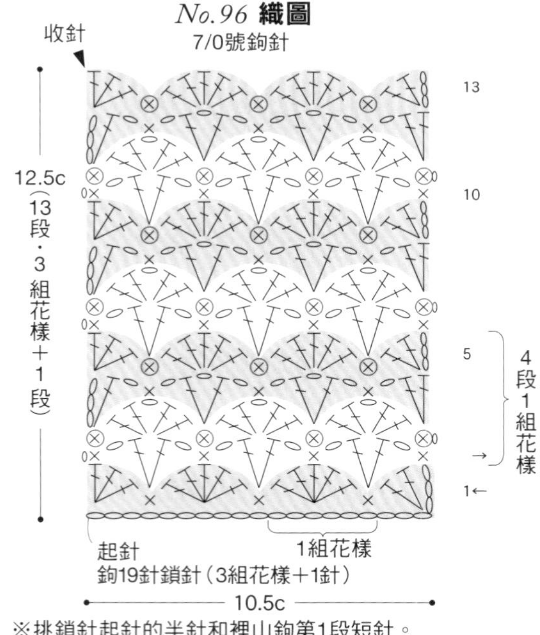

No.96 織圖
7/0號鉤針
收針
13
10
5
1←
4段1組花樣
12.5c（13段・3組花樣＋1段）
起針
鉤19針鎖針（3組花樣＋1針）
1組花樣
10.5c

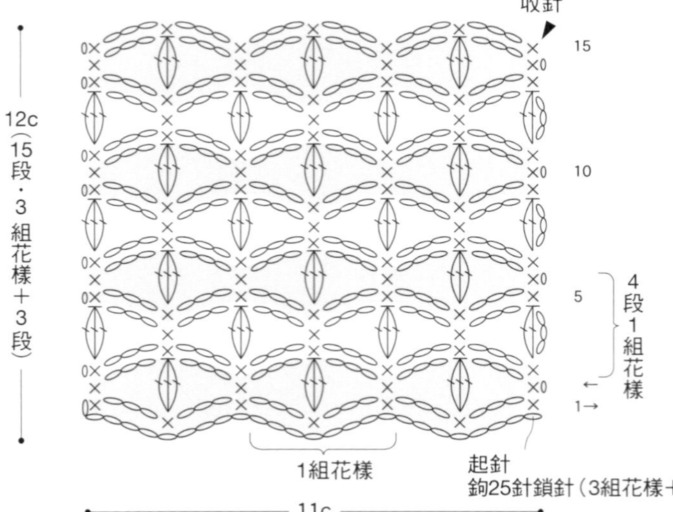

No.97 織圖
7/0號鉤針
收針
15
10
5
1→
4段1組花樣
12c（15段・3組花樣＋3段）
1組花樣
起針
鉤25針鎖針（3組花樣＋1針）
11c

※挑鎖針起針的半針和裡山鉤第1段短針。

⊗ ＝像是要將前1段短針包編一樣，在前前段鎖針或是立針第3針挑針鉤編短針。

⊗ ＝像是要將前1段短針包編一樣，在前前段鎖針挑束鉤編短針。

※挑鎖針起針裡山鉤第1段短針。

No.97 **配色**

起針目1・2・5・6・9・10・13・14・15段	黃綠色
3・4・7・8・11・12段	原色

No.96 **配色**

起針目1・4・5・8・9・12・13段	杏色
2・3・6・7・10・11段	原色

P.63 *No.98*

＊使用線材
Daruma Perfume 毛線
杏色（3）165g

＊其他材料
鈕釦（20mm）6顆

＊工具
鉤針7.5/0號

＊完成尺寸
直約35.5cm　寬約131cm

＊織法
1.以鎖針起針，鉤織花樣編。
2.兩端鉤緣編。
3.接縫鈕釦。

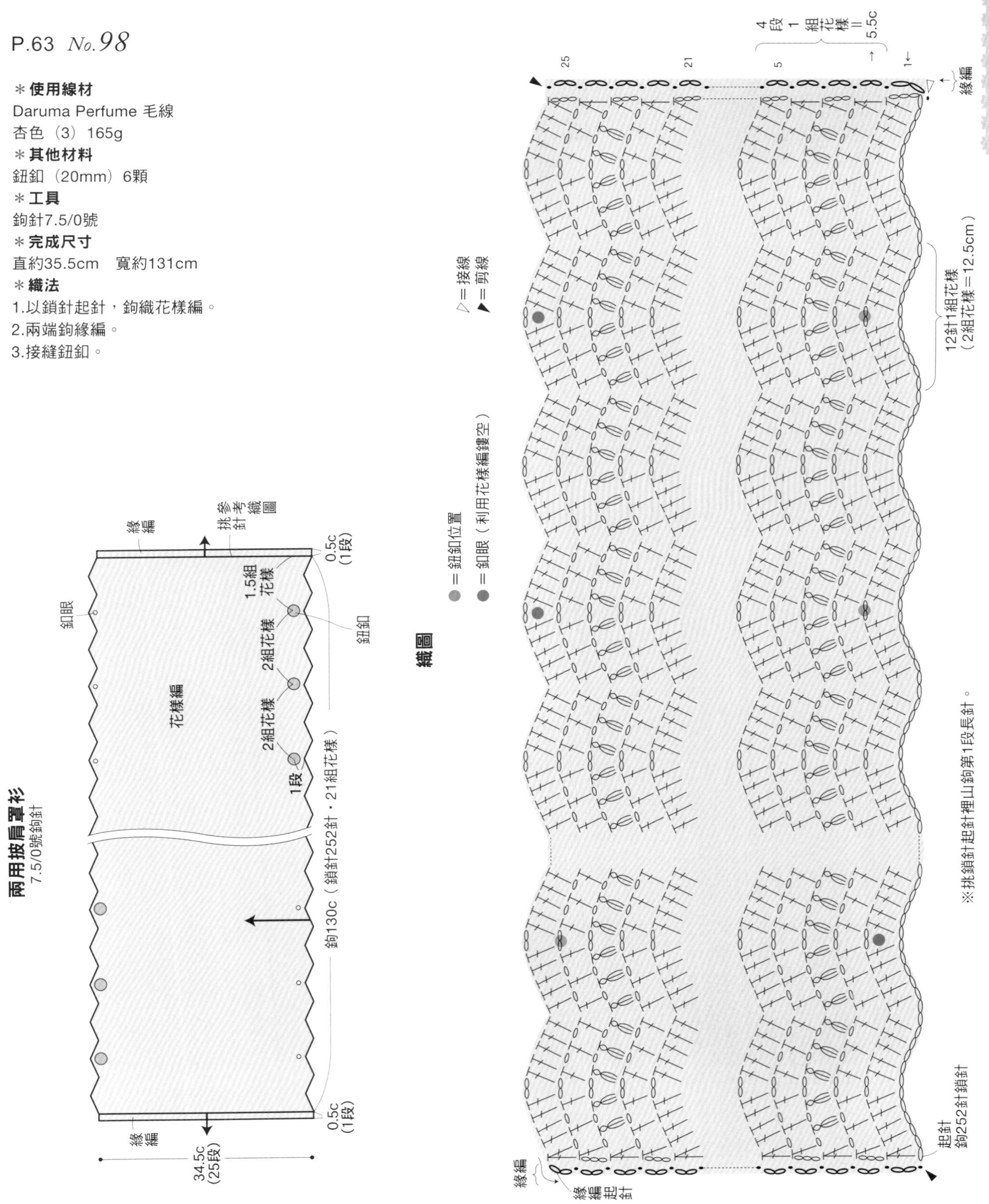

兩用披肩罩衫
7.5/0號鉤針
緣編
挑針參考織圖
0.5c（1段）
1.5組花樣
鈕眼
鈕釦
花樣編
2組花樣
2組花樣
1段
鉤130c（鎖針252針・21組花樣）
緣編
0.5c（1段）
34.5c（25段）
織圖
●＝鈕釦位置
●＝鈕眼（利用花樣編鏤空）
◁＝接線
◀＝剪線
4段1組花樣＝5.5c
25
21
5
1
緣編
12針1組花樣（2組花樣＝12.5cm）
※挑鎖針起針裡山鉤第1段長針。
起針 鉤252針鎖針
緣編
緣編起針

[方眼編模樣]
99
10
100

No.99 織法／ P.96

No.100 & No.101 織法／ P.67

藉由鎖針與長針的組合，描繪出鏤空花樣的方眼編模樣。

作品No.99為玫瑰、No.100為心形、No.101則是浮現出羊駝花樣的圖案。

使用線材
No.99／Olympus Emmy grande蕾絲線（Herbs
No.100・101／Daruma手織線
小巻Café Demi

P.66 *No.100*・*No.101*

＊使用線材

Daruma手織線 小巻Café Demi

No.100 水藍色（17）10g 原色（9）1g

No.101 摩卡咖啡色（11）12g

＊工具

鉤針3/0號

＊完成尺寸

No.100 直14.5cm 寬15.5cm

No.101 直約16cm 寬約17cm

＊織法

1. 鎖針起針，鉤織花樣編。
2. 繼續沿著四周鉤織一圈緣編。

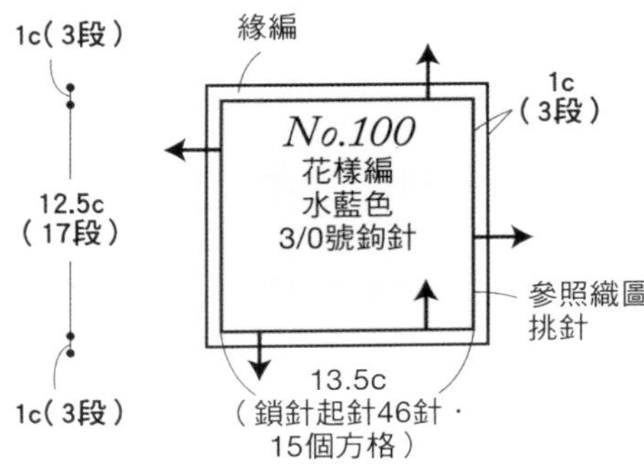

1c(3段)
緣編
1c
(3段)
No.100
花樣編
水藍色
3/0號鉤針
12.5c
(17段)
參照織圖
挑針
13.5c
(鎖針起針46針・
15個方格)
1c(3段)

※緣編配色參照配色表。

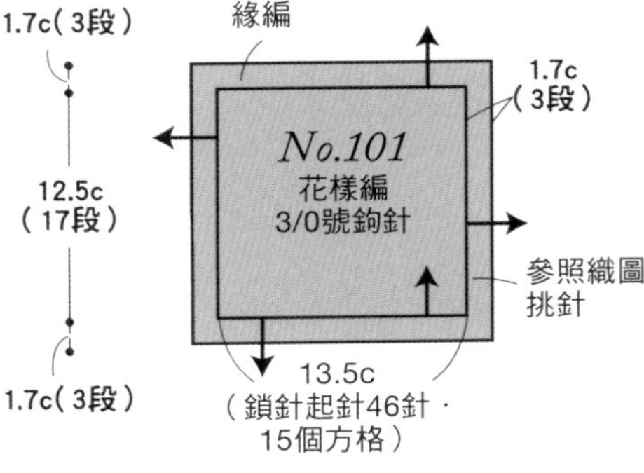

1.7c(3段)
緣編
1.7c
(3段)
No.101
花樣編
3/0號鉤針
12.5c
(17段)
參照織圖
挑針
13.5c
(鎖針起針46針・
15個方格)
1.7c(3段)

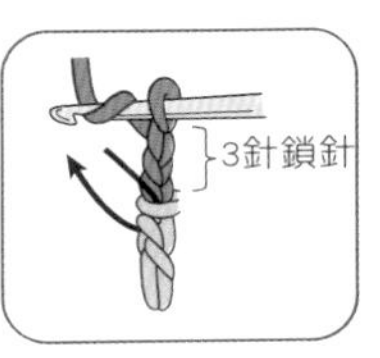

3針鎖針

※緣編第3段的T，鉤針如圖示穿入先前織好的T中鉤織。

No.100 織圖

100・*101*通用 ※緣編第1段的×是穿入邊端針目進行挑針。

※花樣編第1段的長針，是挑起針的鎖針裡山鉤織。

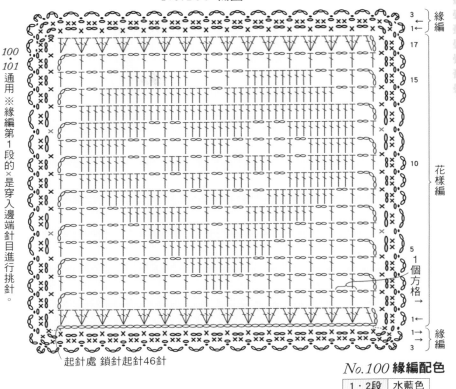

3 ← 1 ← 緣編

17 15 10 5 1← 花樣編

1個方格→

1→ → 3 緣編

起針處 鎖針起針46針

No.100 緣編配色

1・2段	水藍色
3段	原色

No.101 織圖

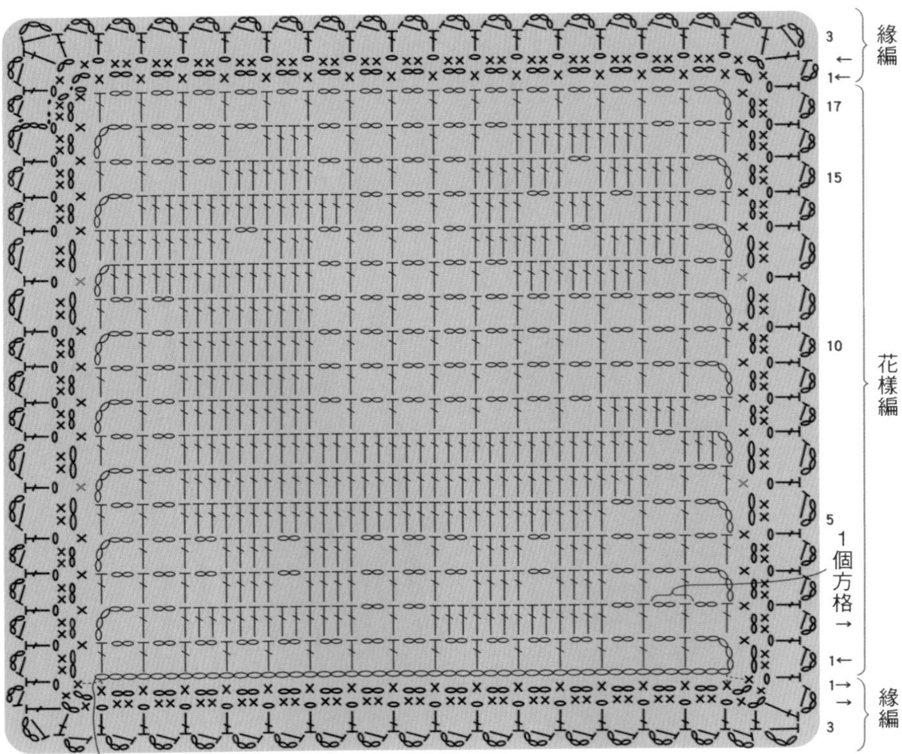

3
←
1←
緣編
17
15
10
花樣編
5
1個方格→
1←
1→
→
3
緣編
起針處 鎖針起針46針

Part Ⅶ 鉤織應用款小物

將織片及織帶變化應用，鉤編出可愛的小物吧！

[花朵織片桌墊]

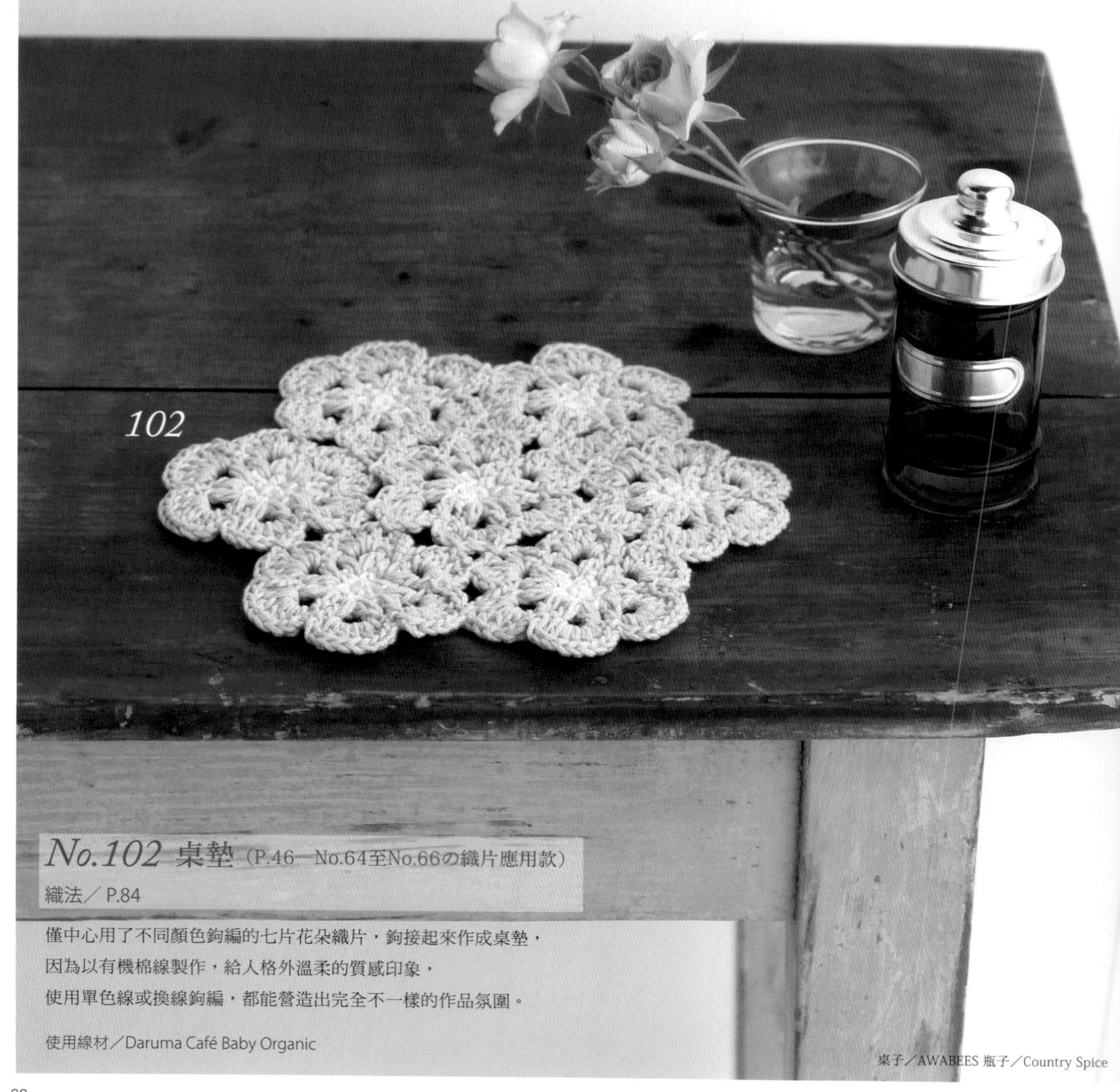
102

No.102 桌墊（P.46—No.64至No.66の織片應用款）

織法／P.84

僅中心用了不同顏色鉤編的七片花朵織片，鉤接起來作成桌墊，
因為以有機棉線製作，給人格外溫柔的質感印象，
使用單色線或換線鉤編，都能營造出完全不一樣的作品氛圍。

使用線材／Daruma Café Baby Organic

桌子／AWABEES 瓶子／Country Spice

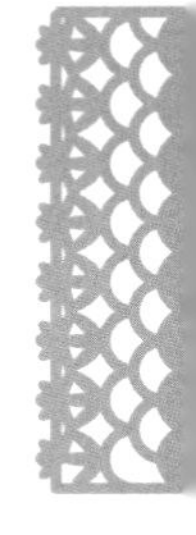

103

[素布＆四角形織片短門簾]

桌子／AWABEES

No.103 短門簾（P.6—No.8の織片應用款）

織法／P.85

以素布＆四角形織片拼接的短簾，
原色設計呈現出自然的雜貨風格，
讓人好想將它裝飾在窗邊或素雅的房門上呢！

使用線材／Daruma 向陽有機棉線

[四角形織片萬用家飾巾]

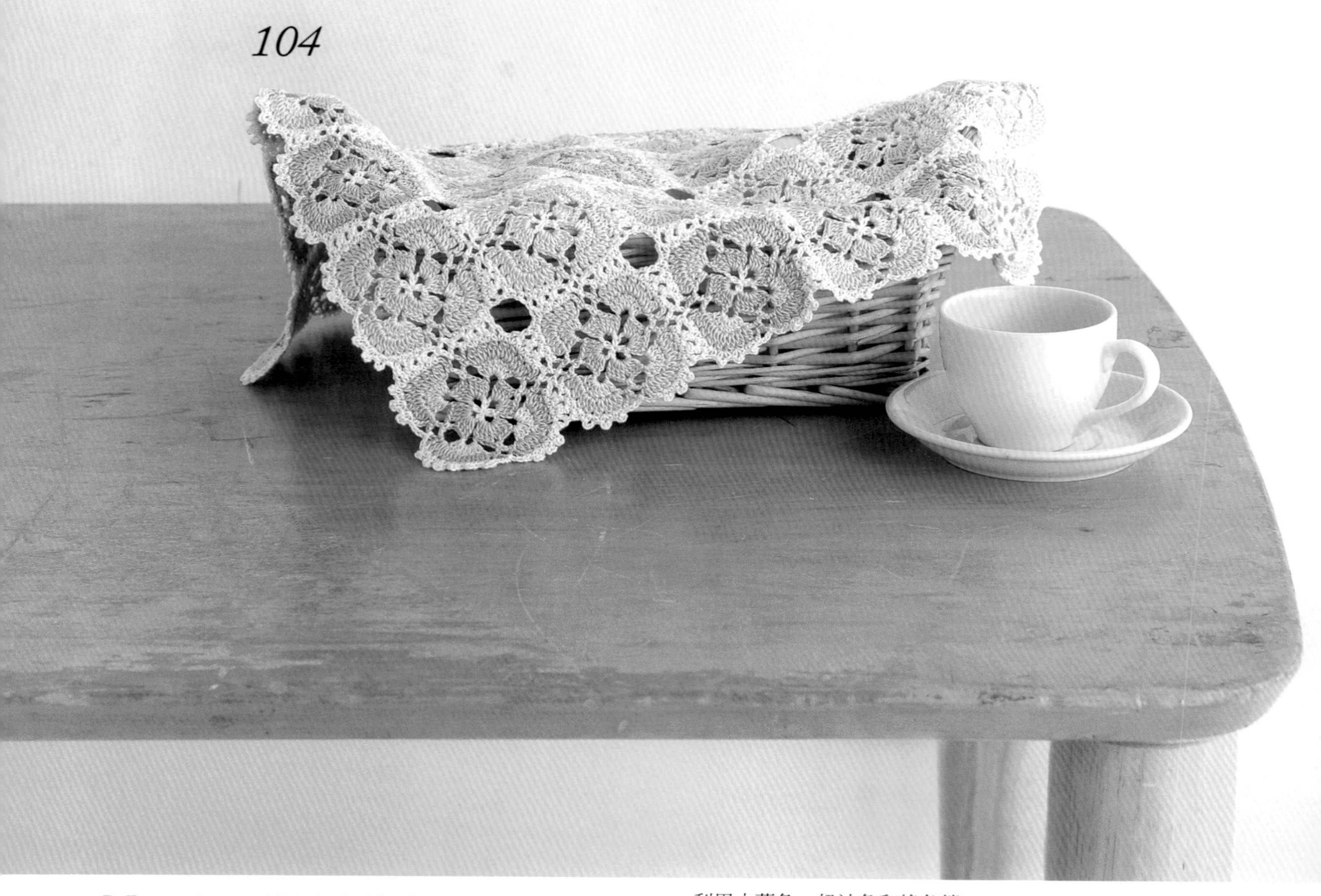
104

No.104 萬用家飾巾

(P.7—No.12の織片應用款)

織法／ P.86

利用水藍色・奶油色和綠色等
清爽色彩鉤編而成的多用途家飾巾，
可以鋪在收納籃上及自己喜歡的地方喔！

使用線材／Olympus Emmy grande 蕾絲線
Olympus Emmy grande 蕾絲線（herbs）

105

[六角形織片領圍]

No.105 領圍

(P.10—No.14の織片應用款)

織法／P.87

將鉤編好的織片穿過緞帶繫個蝴蝶結，
就能作出女孩最愛的日系風格領圍，
挑選混入駝羊毛的秋冬毛線鉤編，
質感柔軟又特別暖和。

使用線材／Olympus Makemake Flavor
喜悅駝羊毛線

[四角形織片披肩&圍巾]

107

106

No.106 窄版圍巾
No.107 寬版披肩
（P.7—No.11の織片應用款）

織法／P.88

鉤編一列四角形織片作成的窄版圍巾，
以及鉤編三列織片完成的寬版披肩，
調整織片的數量，製作合身的個人圍巾吧！

使用線材 No.106／Hamanaka Organic Wool Mind Fiel 有機毛線
No.107／Hamanaka Organic Wool Field 有機毛線

[四角形織片提袋]

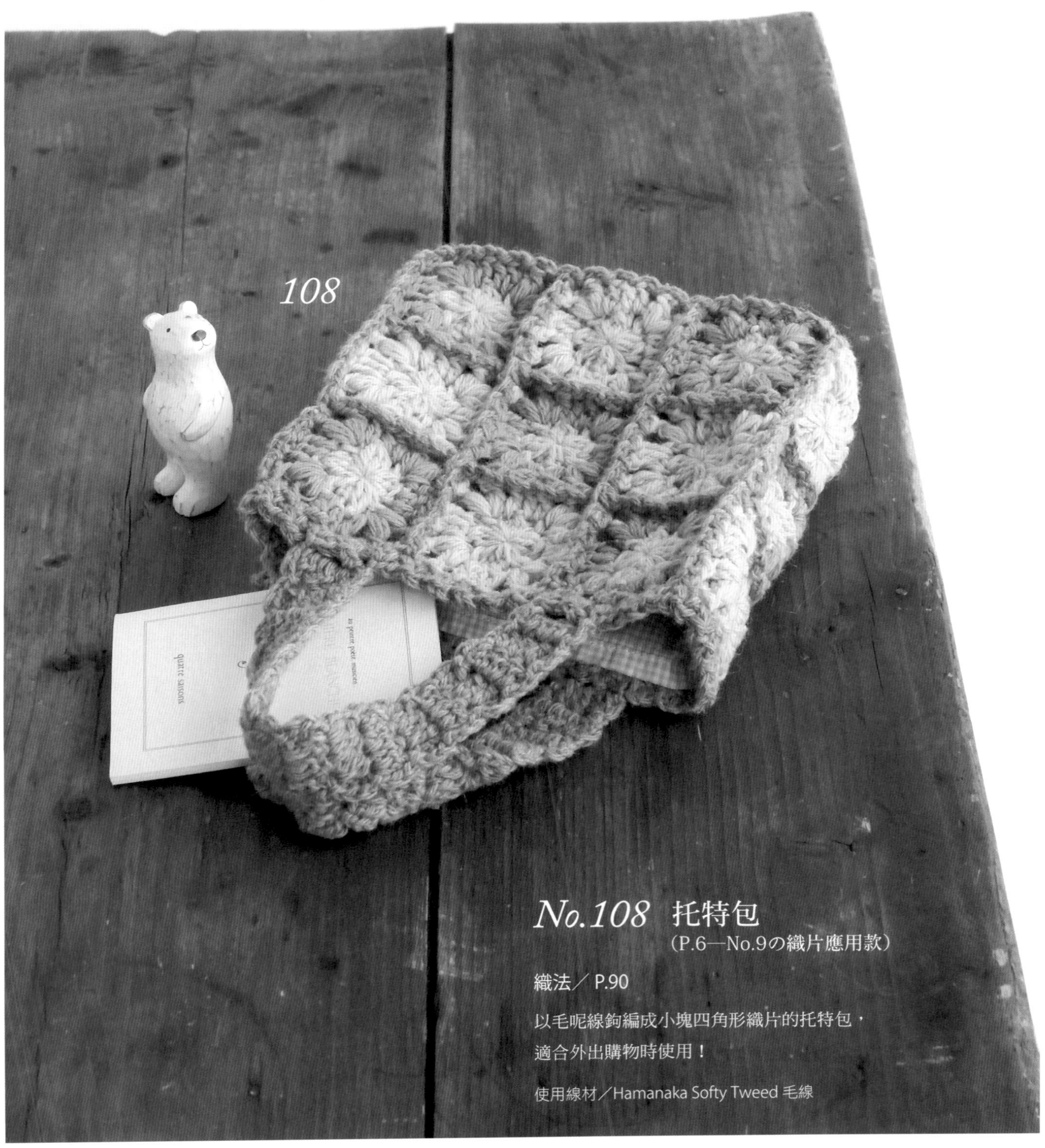
108
quatre saisons

No.108 托特包
（P.6—No.9の織片應用款）

織法／P.90

以毛呢線鉤編成小塊四角形織片的托特包，
適合外出購物時使用！

使用線材／Hamanaka Softy Tweed 毛線

[將織帶變成髮圈吧！]

No.109 & *No.110* 髮圈

（P.26—No.37の織帶應用款）

織法／P.89

將P.26 No.37的上下編織織帶，
作成宛如荷葉花邊的可愛髮圈，
No.109的緣編鉤入了串珠裝飾，
No.110則將緣編換成不同線材。

使用線材 No.109／Ski FANTASIA Calliope 段染毛線
No.110／Ski Menuet 毛線
並太金蔥線

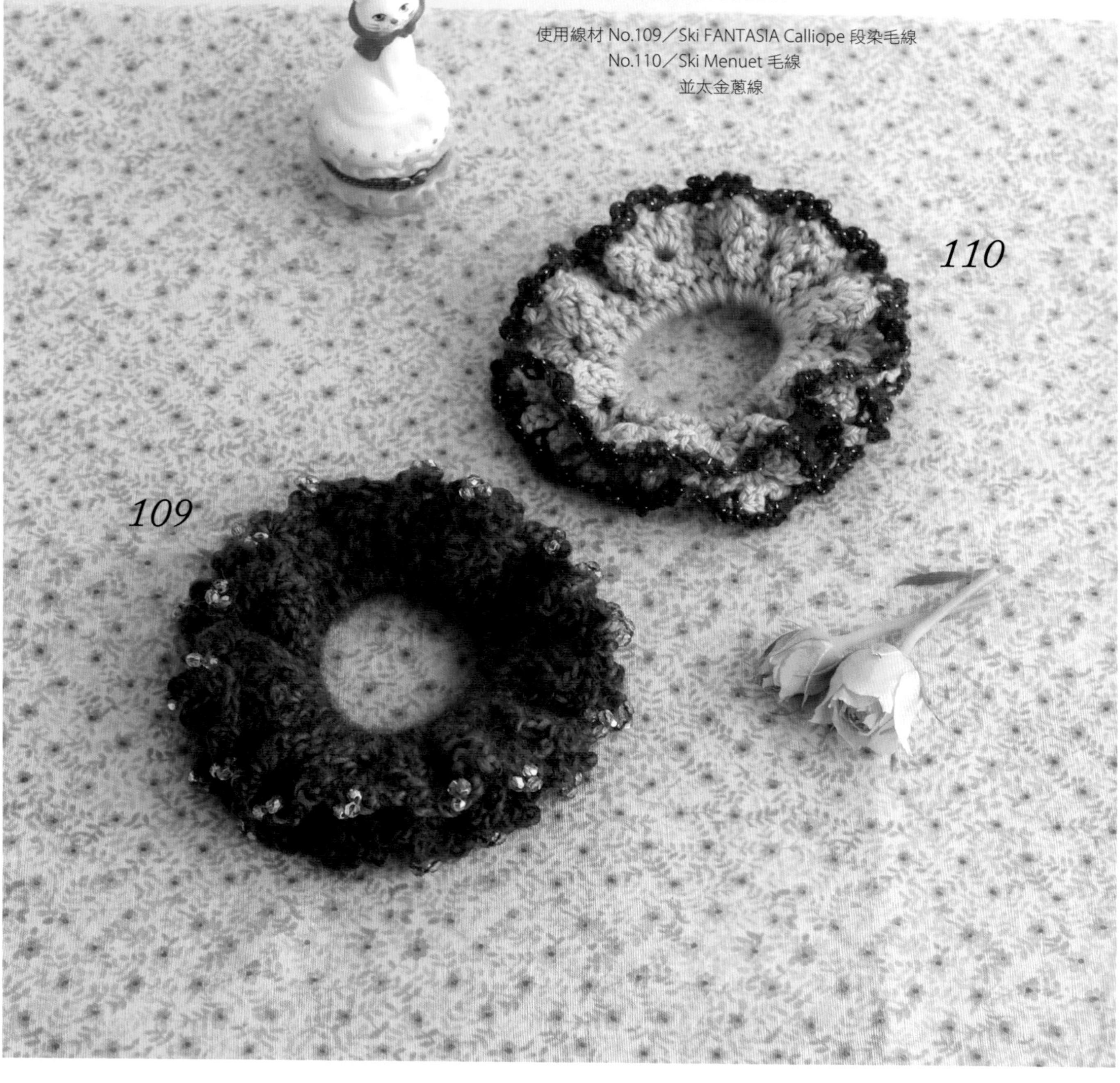

110

109

[將織帶作成保暖腕套]

111

No.111 保暖腕套
(P.22—No.31 の織帶應用款)

織法／ P.89

套在手腕上保暖，
也能用來作為搭配重點的腕套，
No.111是以加了亮片的花線
鉤編成的時尚單品，
建議你試著運用各種線材來鉤編看看吧！

使用線材／極太仿皮草線

No.112 棉質布作包

（P.22—No.31の織帶 &
P.3—No.6の織片應用款）

織法／ P.92

基本款的扁包縫上了織帶＆織片，
就能搖身一變成為時髦的外出布作包喔！

使用線材／Daruma 向陽有機棉線

[裝飾在布小物上……手提包・圍巾・波奇包]

將樸素的布小物裝飾上織帶＆織片吧！

桌子・杯子＆托盤／AWABEES

No.113 棉質圍巾

（P.22—No.32 の織帶應用款）

織法／ P.93

兩端裝飾上細緻織帶，充滿女人味的優雅圍巾，
就以喜愛的布料來作看看吧！

使用線材／合太金蔥毛線

114

No.114 波奇包

(P.2—No.1の織片應用款)

織法／P.98

毛氈布小包加上了大朵的織片，
點綴上亮麗串珠，
顯得更時髦！

使用線材／Daruma 頂級美麗諾毛線（粗）

[心形方眼編模樣抱枕套]

115

背面製作了鈕釦式的開口

No.115 抱枕套

(P.66—No.100 の方眼編模樣應用款)

織法／ P.94

分別以引拔針拼接4片心形方眼編模樣織片為一面，
再合併鉤織扇形飾邊的抱枕套。
深粉與淺駝的配色呈現出大人風的氛圍。

使用線材／Daruma手織線 小巻Café あいぶと

116
JOHN
KEATS
117

[玫瑰方眼編模樣 束口袋&小桌巾]

對照正面鉤織成吻合的背面花樣

No.116 束口袋 （織法／P.96）

No.117 小桌巾 （織法／P.96）
（P.66—No.99 の方眼編模樣應用款）

鉤織2片玫瑰方眼編花樣織片作為袋身前、後片，
再於上方鉤織緣編的束口袋，
以及將1片花樣織片作為小桌巾的作品。
使用亞麻線營造出高尚雅緻的質感。

使用線材／Olympus手織線 Linen Nature

P.31 *No.49*

＊使用線材

Daruma 頂級美麗諾毛線（粗）

粉紅色（5）10g　紫紅色（20）10g　原色（1）5g

Daruma Smoky 毛線

紫色（11）10g

＊其他材料

布（直徑12.5cm）2片　拉鍊（12cm）1條

＊工具

鉤針7/0號

＊完成尺寸

織片直徑14cm

毛線球直徑2cm

＊織法

1.以輪狀起針鉤2片織片。

2.2片織片反面相對重疊，鉤緣編第1段併縫。

3.接下來鉤袋口緣編。

4.鉤第2段緣編。

5.表袋縫上拉鍊。

6.製作裡袋與表袋縫合。

7.鉤毛線球與拉鍊接縫。

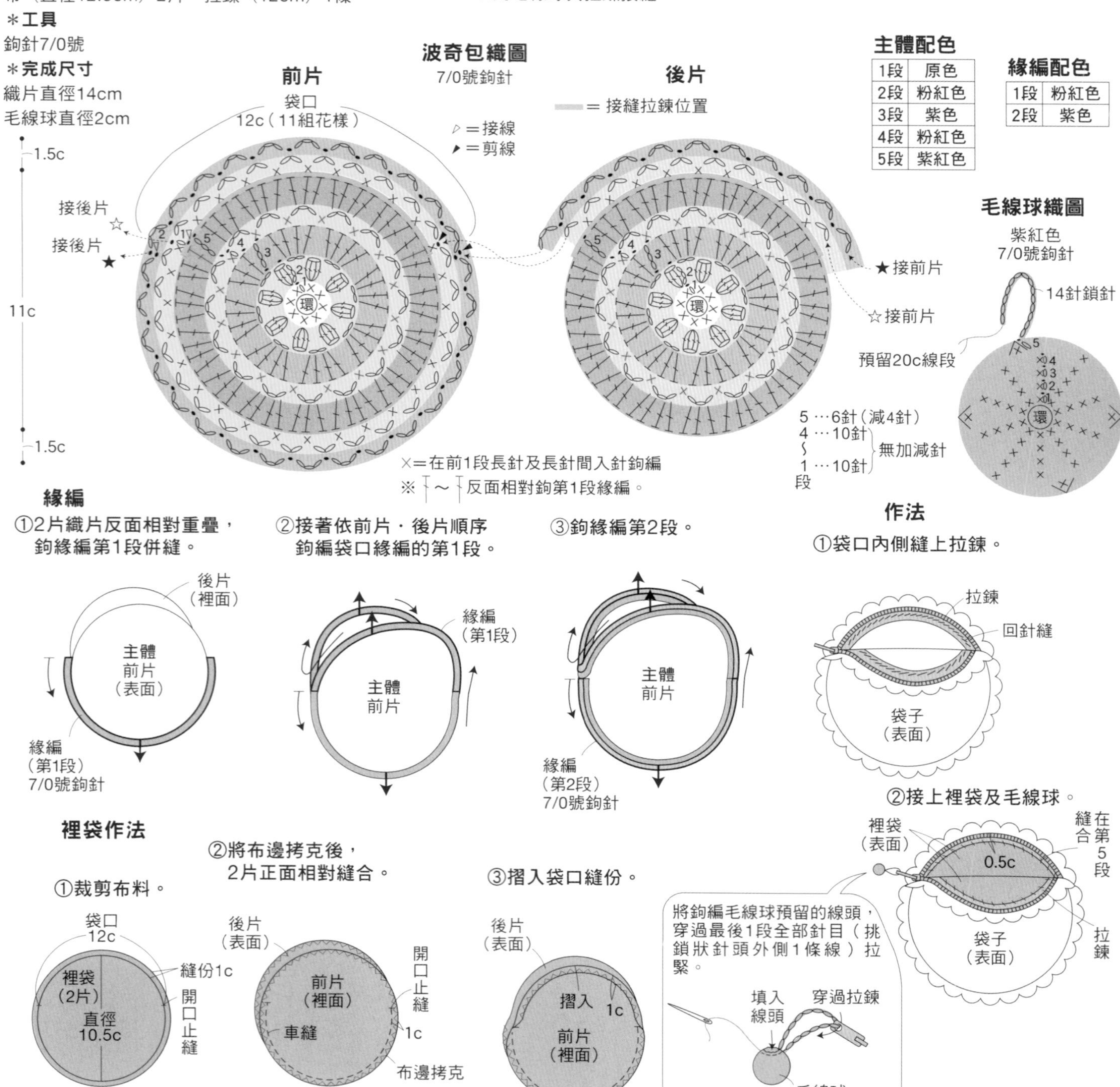

波奇包織圖
7/0號鉤針
前片
袋口
12c（11組花樣）
後片
＝接縫拉鍊位置
▷＝接線
▶＝剪線
接後片
接後片
1.5c
11c
1.5c
★接前片
☆接前片
5 …6針（減4針）
4 …10針
1 …10針
段
無加減針
×＝在前1段長針及長針間入針鉤編
※ ～ 反面相對鉤第1段緣編。
主體配色
1段 原色
2段 粉紅色
3段 紫色
4段 粉紅色
5段 紫紅色
緣編配色
1段 粉紅色
2段 紫色
毛線球織圖
紫紅色
7/0號鉤針
14針鎖針
預留20c線段
緣編
①2片織片反面相對重疊，鉤緣編第1段併縫。
後片（裡面）
主體 前片（表面）
緣編（第1段）7/0號鉤針
②接著依前片．後片順序鉤編袋口緣編的第1段。
緣編（第1段）
主體 前片
③鉤緣編第2段。
主體 前片
緣編（第2段）7/0號鉤針
作法
①袋口內側縫上拉鍊。
拉鍊
回針縫
袋子（表面）
②接上裡袋及毛線球。
裡袋（表面）
0.5c
縫在第5段
袋子（表面）
拉鍊
將鉤編毛線球預留的線頭，穿過最後1段全部針目（挑鎖狀針頭外側1條線）拉緊。
填入線頭
穿過拉鍊
毛線球
裡袋作法
①裁剪布料。
袋口 12c
裡袋（2片）
直徑 10.5c
縫份1c
開口止縫
②將布邊拷克後，2片正面相對縫合。
後片（表面）
前片（裡面）
車縫
開口止縫
1c
布邊拷克
③摺入袋口縫份。
後片（表面）
摺入
1c
前片（裡面）

P.39 *No.58*・*No.59*

＊使用線材
Hamanaka Paume《草木染》棉線
No.58 可可亞色（54）25g
No.59 鮭紅色（53）25g
＊其他材料
No.58・*No.59* 共同
鈕釦（15mm）1顆
問號鉤（18mm）1顆
布 23×12cm
No.58 串珠（切角珠・4mm・淺咖啡色）73顆
No.59 串珠（切角珠・4mm・桃色）73顆
＊工具
鉤針4/0號
＊完成尺寸
直13cm 寬11cm
＊織法
1.棉線穿過73顆珠子。（參考P.40）
2.以鎖針起針，鉤編2片主體時鉤入串珠。
3.主體後片挑針，短針鉤編袋蓋。
4.2片主體反面重疊相對，鉤鎖針3針及引拔針併縫。
5.袋口及袋蓋鉤緣編A。
6.底部鉤緣編B。
7.將裡袋縫合於袋內。
8.接縫鈕釦。
9.鉤編提把接縫於袋口。

作法

①鉤2片主體。

No.58・No.59
主體（2片）
花樣編
4/0號鉤針
10c（16段）
鉤10c（25針鎖針）

②從主體（後片）挑針鉤袋蓋。

袋蓋
短針
4/0號鉤針
⌀＝4c（挑9針）
3.5c（8段）
在第6段鉤3針的釦眼
主體（後片）

③主體2片反面重疊併縫後，鉤緣編A・B。

緣編A
4/0號鉤針
4/0號鉤針3針及引拔針併縫
0.5c（1段）
主體（前片）
0.5c（1段）
2c（2段）
緣編B
4/0號鉤針
緣編A
4/0號鉤針
主體（後片）
※參考織圖挑針。

④縫製裡袋，接縫在袋子內側，縫上鈕釦。

裡袋（裡面）
在第16段縫合
接縫鈕釦

⑤鉤編提把接縫於袋口。

提把
扣在問號鉤位置
藏針縫
袋子

※請參考P.41裡袋作法。

提把

花樣編
4/0號鉤針
20c

提把織圖

● ＝鉤入串珠位置
縫合在袋子上的位置
※挑鎖針裡山鉤編長針。
※挑鎖針2條線鉤編短針。
13
10
5
1
起針
☆
問號鉤

※鉤☆的鎖針3針，留20c線段後剪線。鎖針穿過問號鉤後與起針針目固定。

鉤入串珠作法

串珠

鉤短針時，在最後的引拔鉤入珠珠。

小提包織圖

▷＝接線
▶＝剪線
前片
● ＝鉤入串珠位置
※串珠織法參考P.41。
扣接問號鉤位置
緣編A
接縫鈕釦位置
接後片
鎖針3針及引拔針併縫
16
10
5
1
起針
鉤25針鎖針
緣編B
1
2
緣編B起針
※主體第1段短針，挑鎖針起針裡山鉤編。
後片
緣編A
釦眼
8
5
1
袋蓋
接縫提把位置
接前片
16
10
5
1
起針
鉤25針鎖針

P.55 *No.89*

＊使用線材

Hamanaka Organic Wool Field 有機毛線

杏色（2）20g

淺咖啡色（16）10g

粉紅色（7）5g

原色（1）4g

深粉紅色（8）3g

＊其他材料

串珠（切角珠・5mm・紫色）19顆

＊工具

鉤針5/0號

＊完成尺寸

主體寬2.5cm　長約136.5cm

＊織法

1. 作輪狀起針，鉤編花朵織片A・B，花朵中心接上串珠。
2. 以鎖針起針鉤編葉片。
3. 以鎖針起針，花樣編鉤織項鍊，再接上花朵織片A・B和葉片。

花朵織片A・B織圖

5/0號鉤針

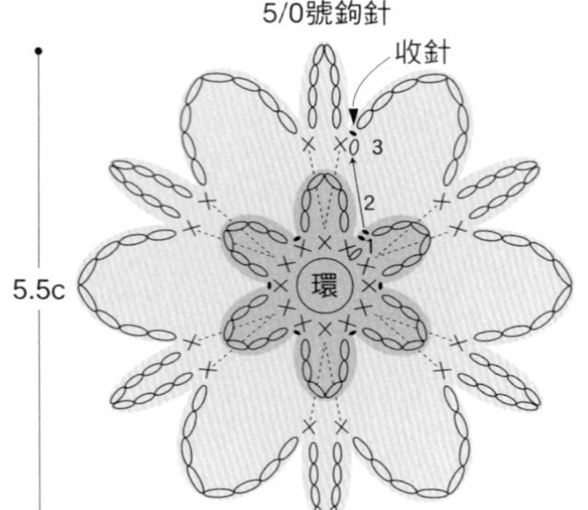

收針
5.5c
環
3
2
1

※第3段短針將第2段鎖針6針往自己倒，挑第1段短針。

花朵織片 A・B 配色及片數

	1・2 段	3 段	片數
花朵織片A	深粉紅色	粉紅色	4 片
花朵織片B	原色	淺咖啡色	5 片

葉片織圖

淺咖啡色（3片）・杏色（1片）

5/0號鉤針

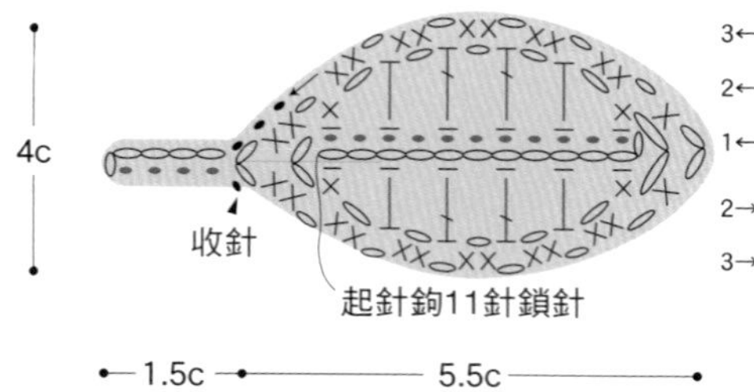

4c
收針
起針鉤11針鎖針
3←
2←
1←
2→
3→
1.5c
5.5c

•＝挑鎖針起針裡山鉤引拔針。

＝接縫位置

花朵織片A

織片中心接1顆珠珠。

花朵織片 B

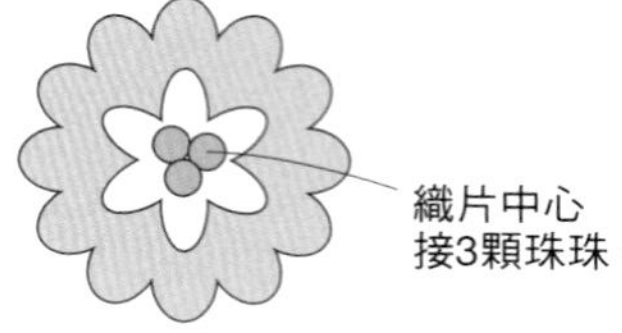

織片中心接3顆珠珠。

主體織圖

杏色

5/0號鉤針

●＝花朵織片A位置

●＝花朵織片B位置

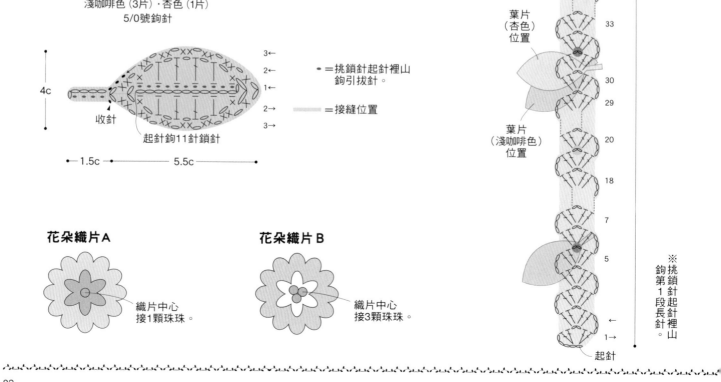

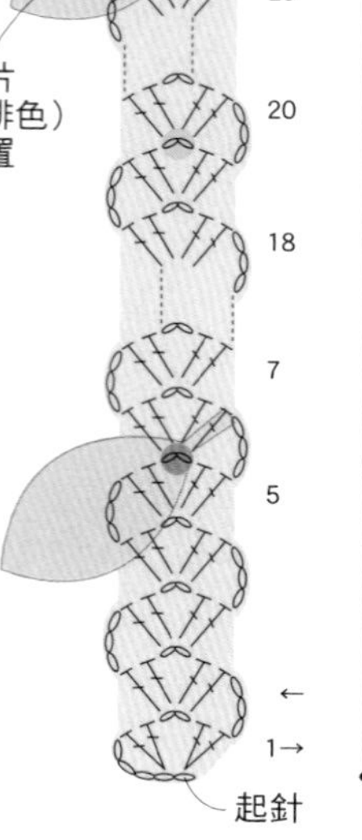

104
101
96
93
82
80
79
70
68
136.5c
（104段）
50
48
葉片
（杏色）
位置
33
30
29
葉片
（淺咖啡色）
位置
20
18
7
5
←
1→
起針

※挑鎖針起針裡山鉤第1段長針。

P.59 *No.93*

＊使用線材
並太毛線
原色 40g
淺咖啡色 40g
深粉紅色 15g
＊其他材料
抱枕（25cm×25cm）1個
鈕釦（15mm）5顆

＊工具
鉤針7/0號
＊完成尺寸
直26cm 寬26cm

＊織法
1.以鎖針起針，織片A・B各鉤4片，外圍鉤緣編A。
2.將織片以鎖針2針及引拔針併縫接合。
3.以緣編B併縫抱枕前片及後片3邊，開口處依圖鉤織扣耳。
4.接縫鈕釦。

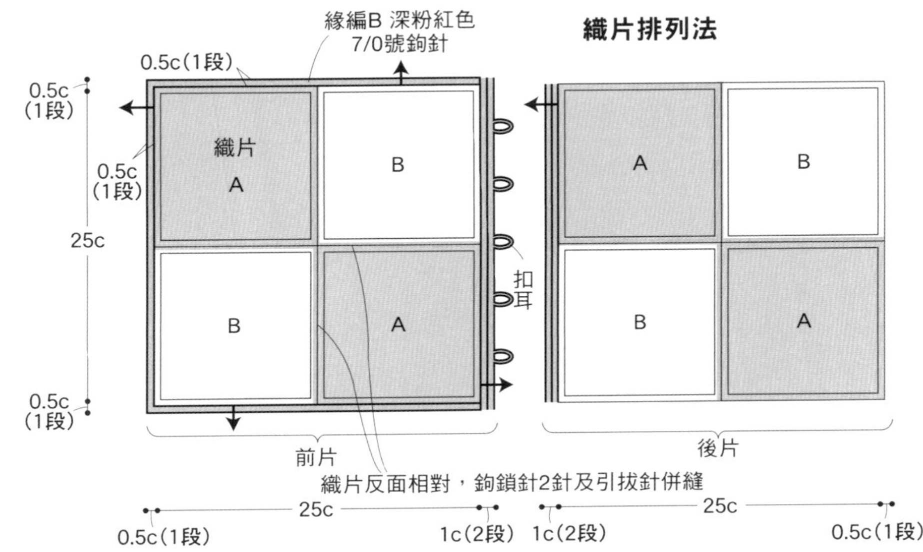

緣編B 深粉紅色
7/0號鉤針
織片排列法
0.5c(1段)
0.5c
(1段)
織片
A
B
0.5c
(1段)
25c
扣
耳
B
A
0.5c
(1段)
前片
後片
織片反面相對，鉤鎖針2針及引拔針併縫
25c
0.5c(1段)
1c(2段)
1c(2段)
25c
0.5c(1段)

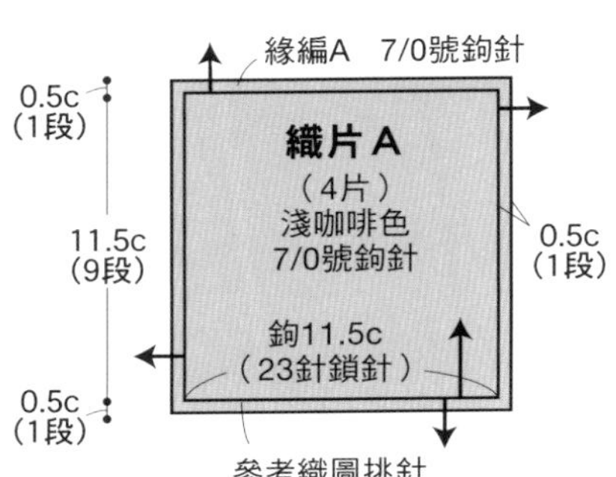

緣編A 7/0號鉤針
0.5c
(1段)
織片A
（4片）
淺咖啡色
7/0號鉤針
11.5c
(9段)
0.5c
(1段)
鉤11.5c
（23針鎖針）
0.5c
(1段)
參考織圖挑針

※織片A織法與P.60 *No.91*相同。

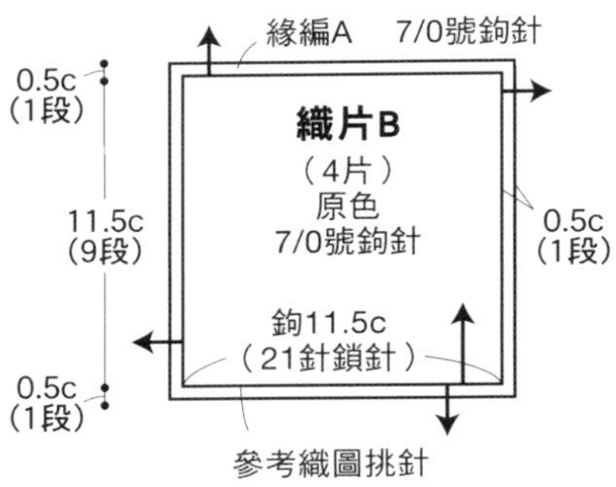

緣編A 7/0號鉤針
0.5c
(1段)
織片B
（4片）
原色
7/0號鉤針
11.5c
(9段)
0.5c
(1段)
鉤11.5c
（21針鎖針）
0.5c
(1段)
參考織圖挑針

※織片B織法和P.60 *No.92*相同。

※織片2片反面相對，以鎖針2針及引拔針併縫接合，引拔針只挑2片織片短針針頭外側1條線。

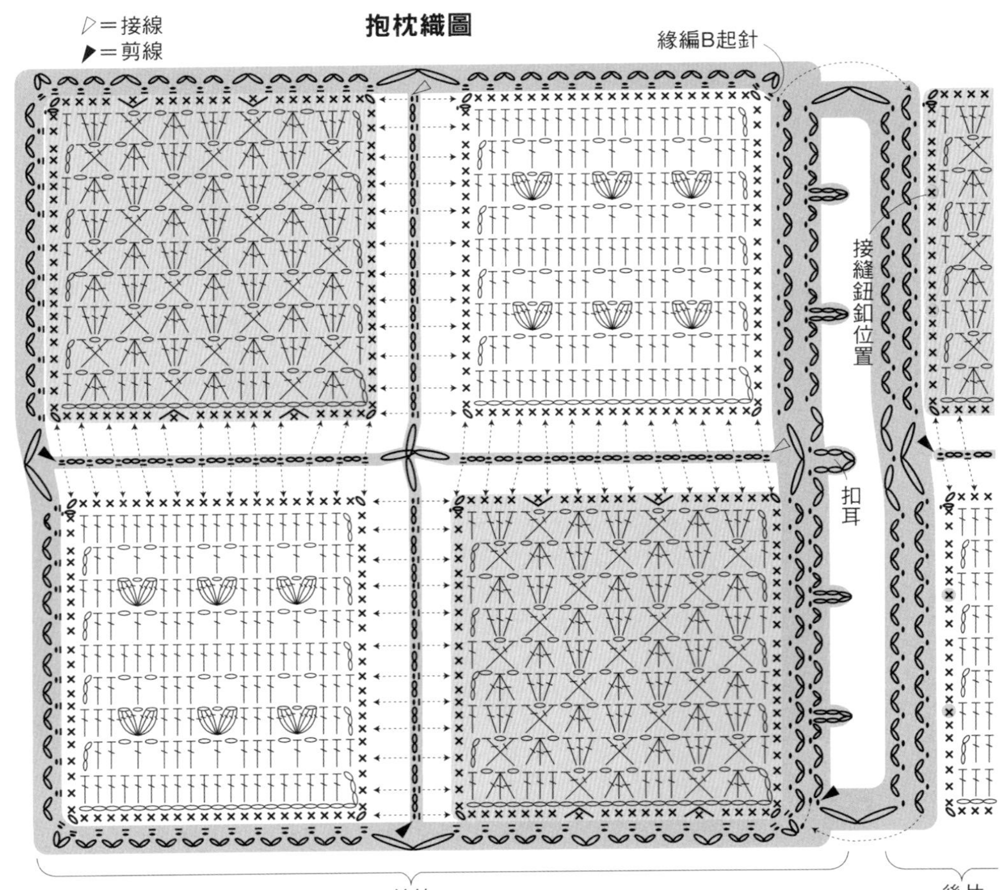

▷＝接線
▶＝剪線
抱枕織圖
緣編B起針
接縫鈕釦位置
扣耳
前片
後片

作法

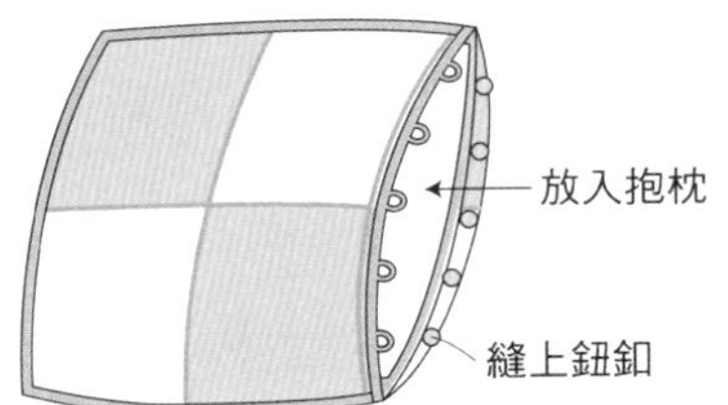

放入抱枕
縫上鈕釦

P.68 *No.102*

＊使用線材
Daruma Café Baby Organic 蕾絲線
鮭紅色（7）20g
原色（1）5g
＊工具
鉤針5/0號
＊完成尺寸
直18cm 寬19.5cm
＊織法
1.作輪狀起針鉤編織片。
2.第2片織片開始，最後1段與相鄰織片鉤接，總共鉤7片織片。

織片織圖

5/0號鉤針

▪＝在前1段2中長針的變形玉針針目間，入針鉤引拔針。

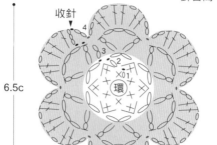

收針

6.5c

織片配色

1･2 段	原色
3･4 段	鮭紅色

織片排列法

※依1至7順序鉤接織片。

織片

18c

19.5c

織片鉤接作法

※依箭頭標示針目，鉤引拔針連接織片。

▸＝剪線

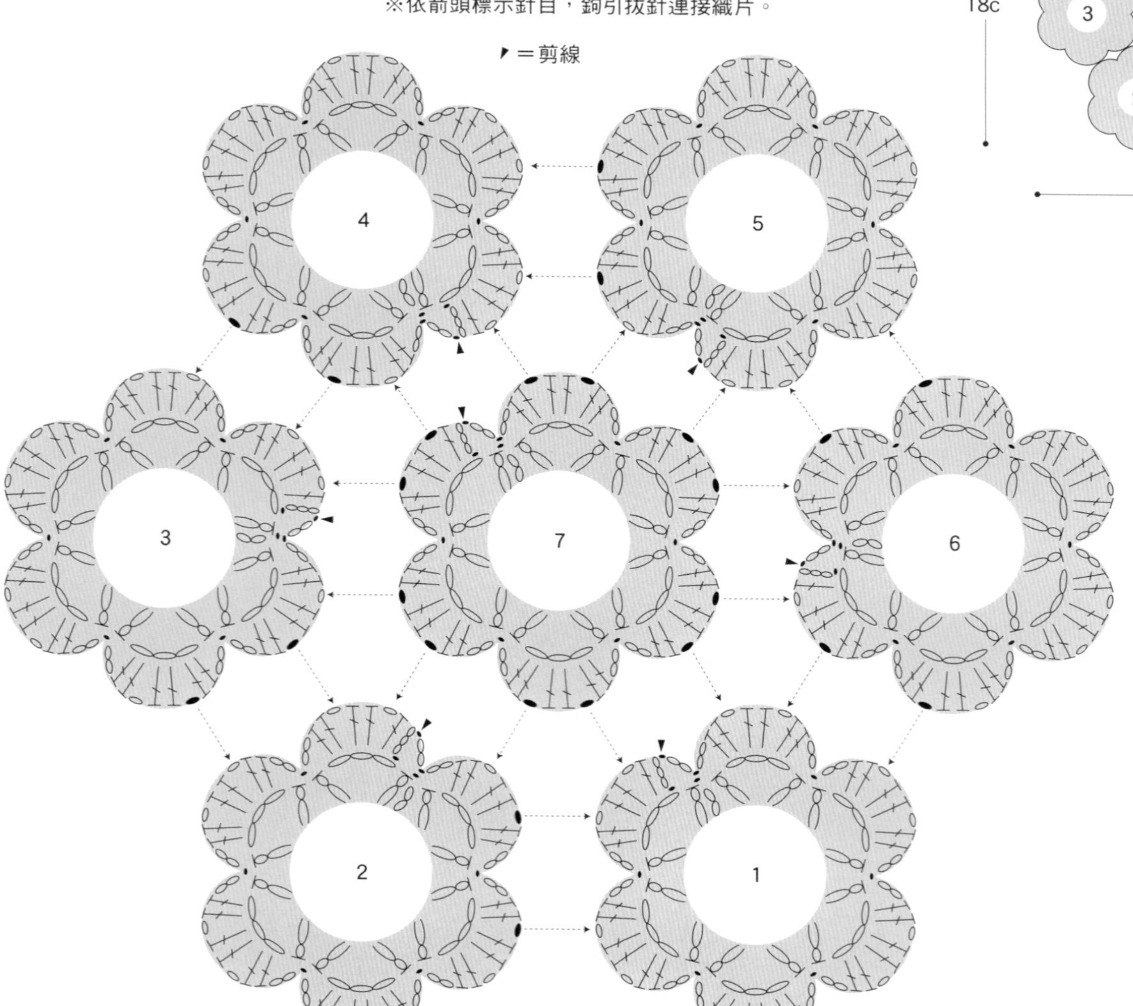

4
5
3
7
6
2
1

P.69 *No.103*

＊使用線材
Daruma 向陽有機棉線
原色（2）80g
＊其他材料
布（有機棉）18×79cm
＊工具
鉤針4/0號
＊完成尺寸
直33.5cm　寬76cm（不含掛耳）
＊織法
1.作輪狀起針鉤1片織片。
2.第2片織片開始，最後1段要和相鄰織片鉤接，總共鉤16片織片。
3.鉤編掛耳。
4.完成布片。
5.布片兩側接縫緣編及掛耳。

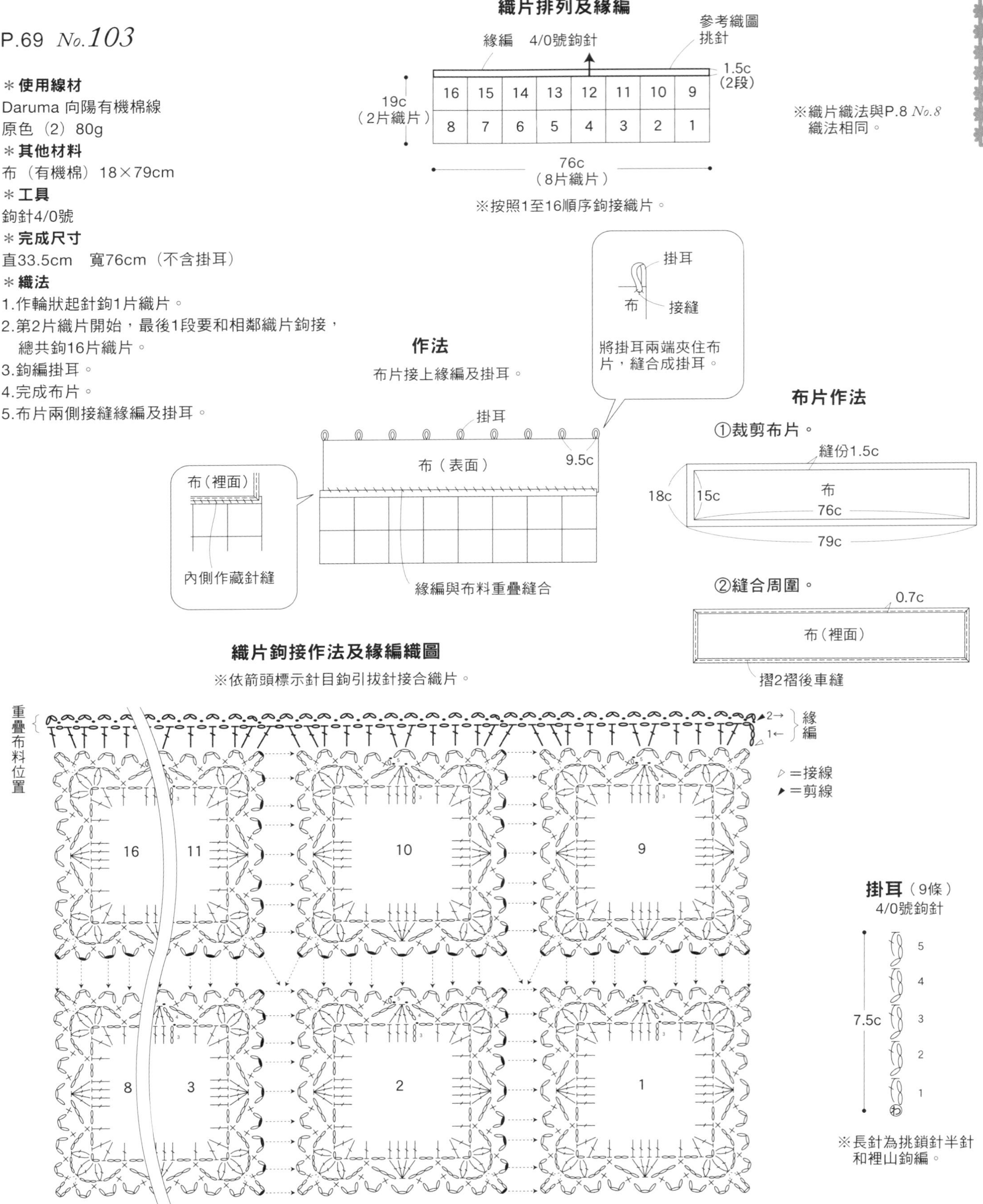

織片排列及緣編
緣編　4/0號鉤針
參考織圖
挑針
1.5c
（2段）
19c
（2片織片）
16 15 14 13 12 11 10 9
8 7 6 5 4 3 2 1
76c
（8片織片）
※按照1至16順序鉤接織片。
※織片織法與P.8 No.8 織法相同。
掛耳
布
接縫
將掛耳兩端夾住布片，縫合成掛耳。
作法
布片接上緣編及掛耳。
掛耳
布（表面）
9.5c
布（裡面）
內側作藏針縫
緣編與布料重疊縫合
布片作法
①裁剪布片。
縫份1.5c
18c
15c
布
76c
79c
②縫合周圍。
0.7c
布（裡面）
摺2褶後車縫
織片鉤接作法及緣編織圖
※依箭頭標示針目鉤引拔針接合織片。
重疊布料位置
緣編
2→
1←
▷＝接線
▶＝剪線
16 11 10 9
8 3 2 1
掛耳（9條）
4/0號鉤針
7.5c
5
4
3
2
1
※長針為挑鎖針半針和裡山鉤編。

P.70 *No.104*

＊使用線材

Olympus Emmy grande 蕾絲線
原色（804）30g
水藍色（364）30g
淺綠色（243）15g
Olympus Emmy grande 蕾絲線〈herbs〉
杏色（732）20g
淺黃色（560）15g

＊工具

鉤針2/0號

＊完成尺寸

直39cm 寬39cm

＊織法

1.作輪狀起針鉤編1片織片。
2.第2片織片開始，最後1段和相鄰織片鉤接，總共鉤36片織片。

織片織圖

2/0號鉤針

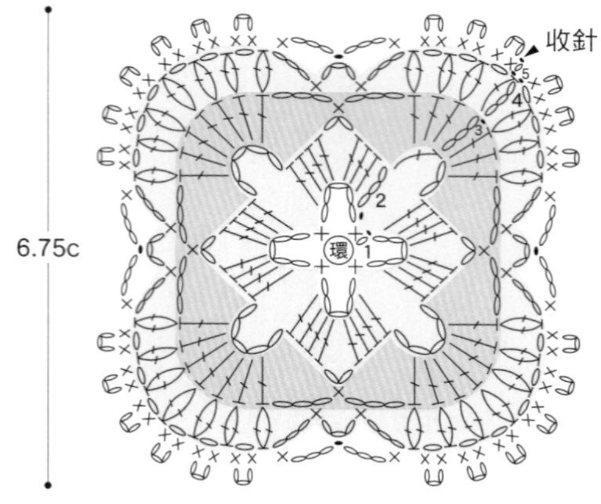

收針
6.75c
環
1
2
3
4
5

織片配色・片數

	1段	2段	3段	4段	5段	片數
織片A	原色	水藍色	杏色	水藍色	原色	18片
織片B	原色	淺綠色	杏色	淺綠色	原色	9片
織片C	原色	淺黃色	杏色	淺黃色	原色	9片

織片排列法

※按照1至36順序鉤接織片。

40.5c（6片織片）× 40.5c（6片織片）

36	35	34	33	32	31
30	29	28	27	26	25
24	23	22	21	20	19
18	17	16	15	14	13
12	11	10	9	8	7
6	5	4	3	2	1

□＝織片A
□＝織片B
□＝織片C

織片鉤接作法

※依箭頭標示針目以短針鉤接。

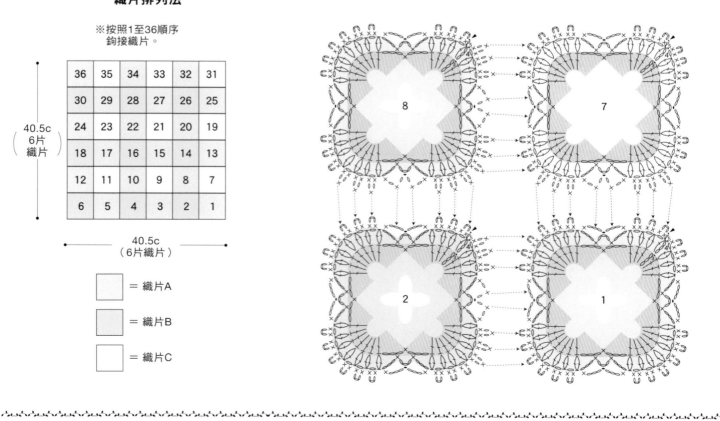

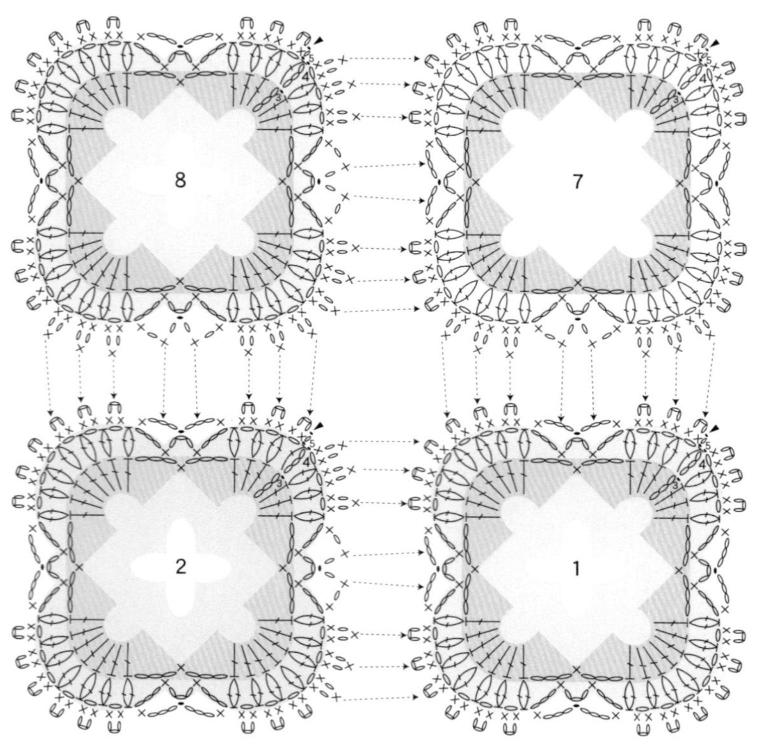

8
7
2
1

P.71 *No.105*

＊使用線材
Olympus Makemake flavor 喜悅駝羊毛線
水藍色（302）45g
＊其他材料
緞帶（寬6mm）130cm
＊工具
鉤針7/0號
＊完成尺寸
寬約15cm
＊織法
1.作輪狀起針鉤1片織片。
2.第2片織片開始，最後1段與相鄰織片鉤接，
　總共鉤15片織片。
3.穿過緞帶。

織片織圖

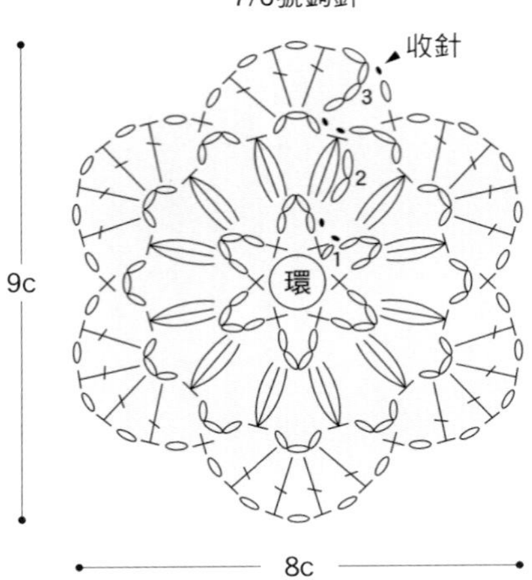
7/0號鉤針
收針
3
2
1
環
9c
8c

織片排列法

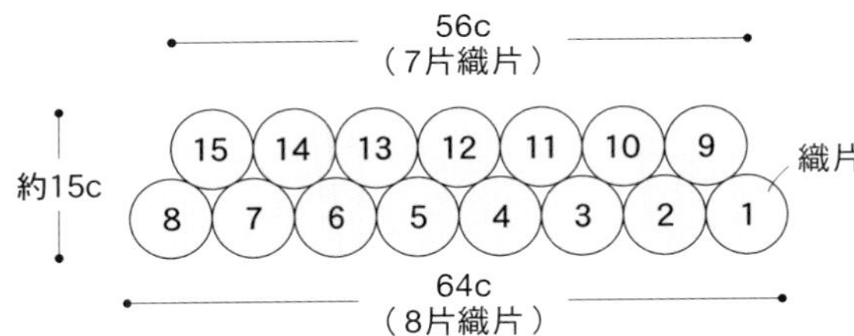
※按照1至15順序鉤接織片。
56c
（7片織片）
15
14
13
12
11
10
9
8
7
6
5
4
3
2
1
織片
約15c
64c
（8片織片）

織片鉤接作法

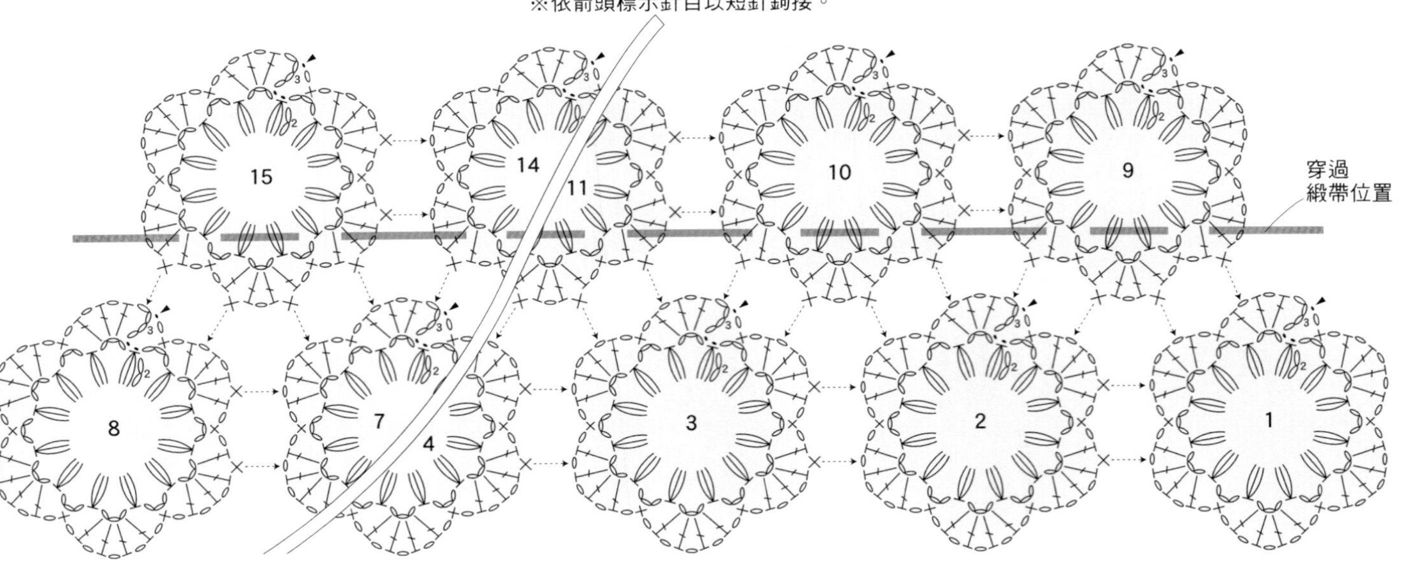
※依箭頭標示針目以短針鉤接。
15
14
11
10
9
8
7
4
3
2
1
穿過
緞帶位置

P.72 *No.106*・*No.107*

＊使用線材

No.106
Hamanaka Organic Wool Mind Fiel 有機毛線
粉紅色（105）65g
原色（101）25g
淺咖啡色（107）20g
No.107
Hamanaka Organic Wool Field 有機毛線
原色（1）45g
杏色（2）115g
淺咖啡色（16）40g

＊工具

No.106 鉤針7.5/0號
No.107 鉤針6/0號

＊完成尺寸

No.106 寬8.5cm　長161.5cm
No.107 寬21cm　長147cm

＊織法

1.作輪狀起針鉤編1片織片。
2.第2片織片開始，最後1段與相鄰織片鉤接，
No.106 總共鉤19片織片，*No.107* 鉤63片織片。

No.106 織片排列法

※按照1至19順序
交互鉤接織片A・B。

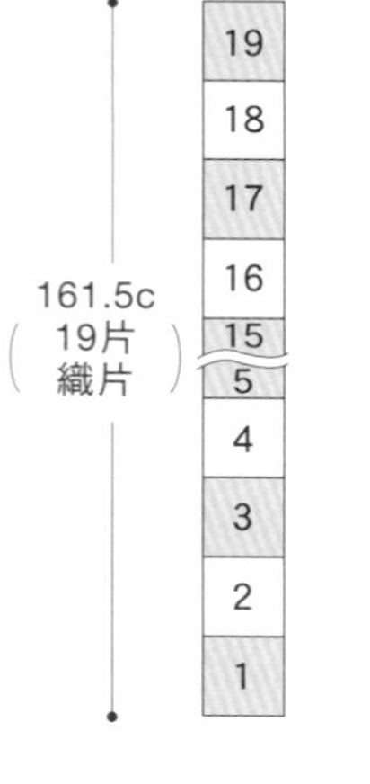

19
18
17
16
15
5
4
3
2
1
161.5c
（19片織片）
8.5c
（1片織片）
＝織片A
＝織片B

No.107 織片排列法

※按照1至63順序
交互鉤接織片A・B。

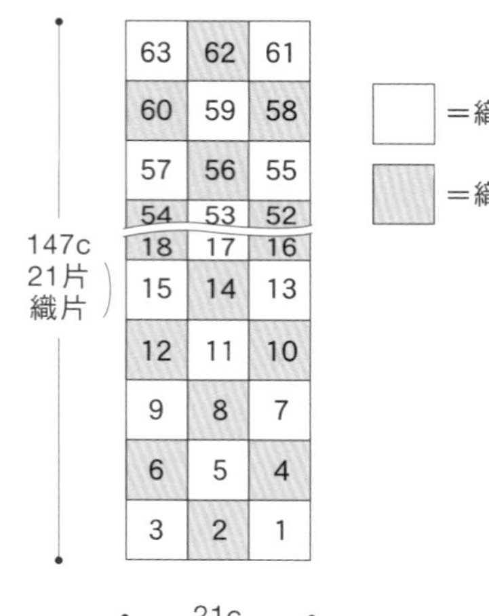

63 62 61
60 59 58
57 56 55
54 53 52
18 17 16
15 14 13
12 11 10
9 8 7
6 5 4
3 2 1
147c
（21片織片）
21c
（3片織片）
＝織片A
＝織片B

No.106 織片A・B配色・片數

	1段	2段	3段	4段	片數
織片A	粉紅色	原色	淺咖啡色	粉紅色	10片
織片B	原色	淺咖啡色	原色	粉紅色	9片

No.107 織片A・B配色・片數

	1段	2段	3段	4段	片數
織片A	杏色	原色	淺咖啡色	杏色	32片
織片B	原色	淺咖啡色	原色	杏色	31片

No.107 織片鉤接作法

※依箭頭標示針目鉤引拔針合接。
※*No.106*與*No.107*鉤接方法相同。

▾＝剪線

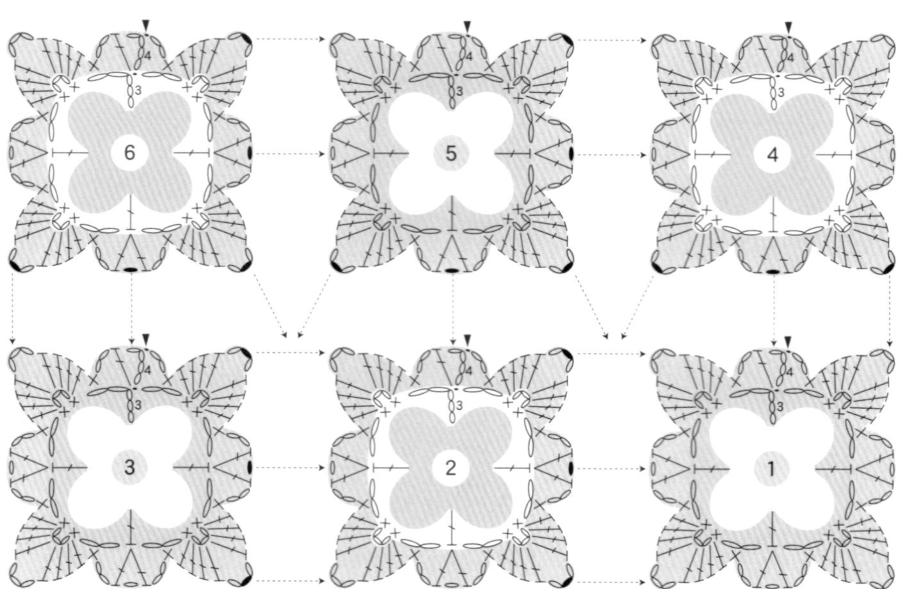

6
5
4
3
2
1

織片A・B織圖

No.106 7.5/0號鉤針
No.107 6/0號鉤針

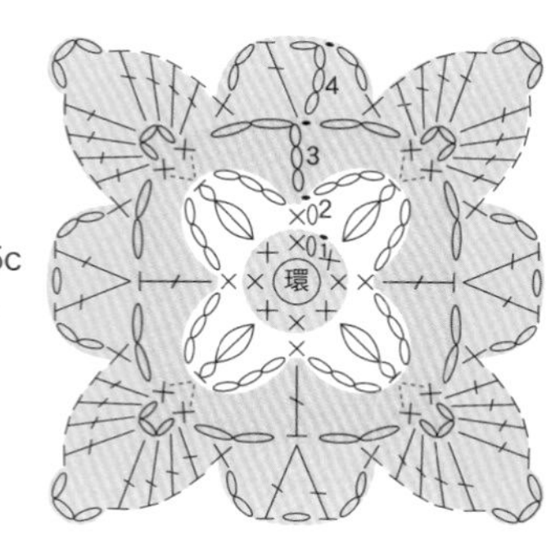

No.106 8.5c
No.107 7c
環

P.74 No.109・No.110

＊使用線材
Ski FANTASIA Calliope 段染毛線
No.109 酒紅×粉紅色 混合（10）20g
Ski Menuet毛線
No.110 薰衣草紫（10）20g
並太金蔥線
No.110 紫色金蔥 5g

＊其他材料
No.109・*No.110* 鬆緊髮圈
（寬4mm・外徑5.5cm）各1個
No.109 串珠（切角珠・4mm・桃色）96顆

＊工具
鉤針5/0號

＊完成尺寸
No.109 寬5cm
No.110 寬4.5cm

＊織法
1.僅*No.109*，將96顆珠子穿過編織線。
2.從鬆緊髮圈挑針，以花樣編鉤織髮圈，鉤*No.109*時第4段要鉤入串珠。
3.從鬆緊髮圈挑針再鉤1片相同織片。

No.109・*No.110* 織圖
5/0號鉤針

▷＝接線
▶＝剪線
＝1個網眼

※2片的第1段都是從鬆緊髮圈挑32個網，共鉤編16組花樣。

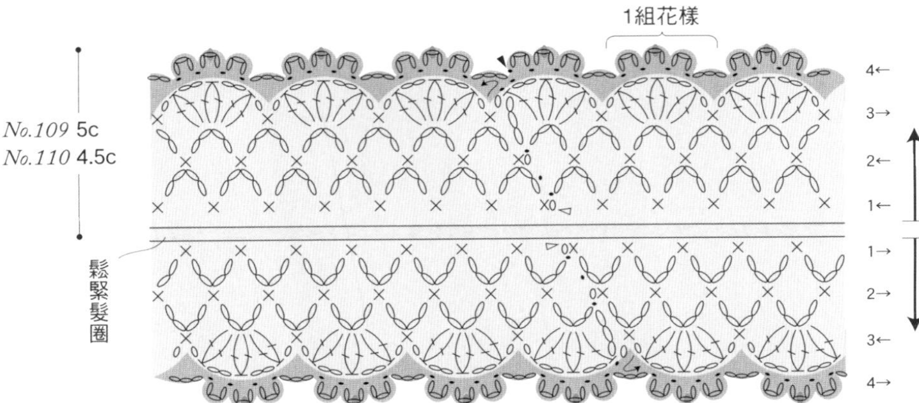

1組花樣
No.109 5c
No.110 4.5c
鬆緊髮圈
4←
3→
2←
1←
1→
2→
3←
4→

●＝鉤入玻璃珠位置（*No.109*）
鉤第2針鎖針時，鉤入3顆串珠。

鉤入串珠的作法

串珠3顆

No.110 配色

1至3段	薰衣草紫
4段	紫色金蔥

※以單色鉤編*No.109*。

作法

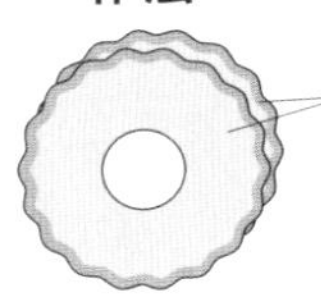

將2片正面
相對重疊

P.75 No.111

＊使用線材
極太仿皮草線
灰色 20g

＊其他材料
鈕釦（18mm）4顆

＊工具
鉤針9/0號

＊完成尺寸
腕圍約20cm

＊織法
1.以鎖針起針，花樣編鉤織腕套。
2.接縫鈕釦。

No.111 織圖（2片）
9/0號鉤針

● ＝ 右手…鈕釦位置／左手…釦眼
● ＝ 右手…釦眼／左手…鈕釦位置

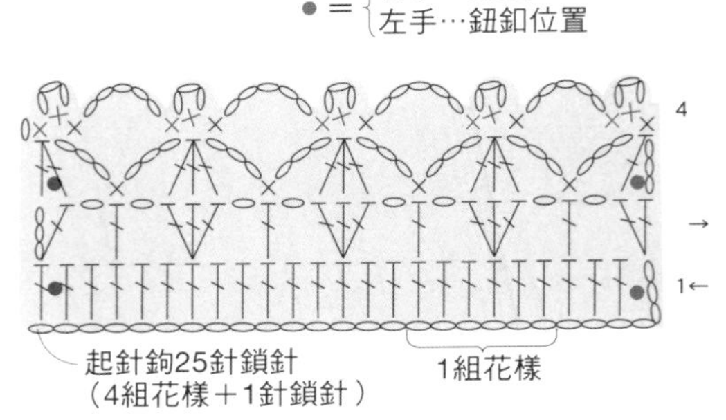

8.5c
4
→
1←
起針鉤25針鎖針
（4組花樣＋1針鎖針）
1組花樣
21c

※第1段長針為挑鎖針起針針目的裡山鉤編。
※花樣的開孔當作釦眼。
※×為挑×短針的針頭2條線鉤編短針。

作法

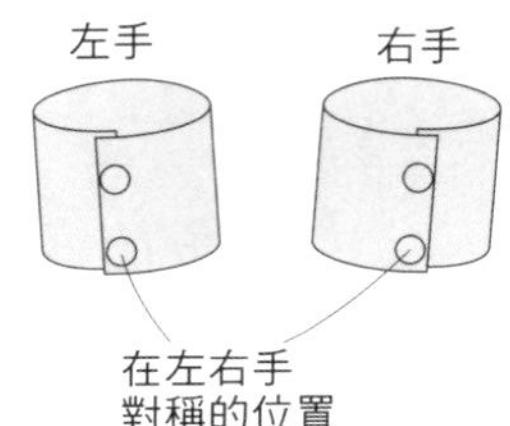

左手
右手
在左右手
對稱的位置
加上鈕釦

P.73 *No.108*

＊使用線材
Hamanaka Softy Tweed 毛線
杏色（1）40g
淺咖啡色（2）25g
黃綠色（11）25g
＊其他材料
布 24×41.5cm
＊工具
鉤針6/0號
＊完成尺寸
直19.5cm　寬18cm　底6cm
＊織法
1.作輪狀起針，鉤編織片A 13片．織片B 14片。
2.織片以鎖針2針及引拔針併縫接合。
3.袋口周圍鉤緣編A。
4.鉤編提把，周圍鉤緣編B。
5.完成裡袋後接縫。

織片A．B的織圖
6/0號鉤針

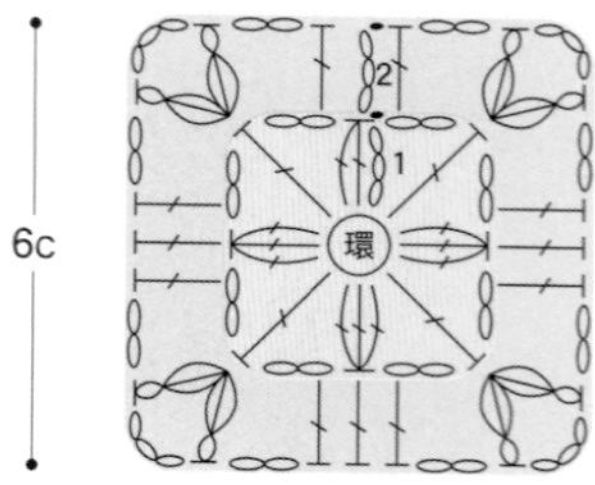

6c
2
1
環

織片A·B配色·片數

	1段	2段	片數
織片A	杏色	黃綠色	13片
織片B	杏色	杏色	14片

作法

①織片併縫接合，
鉤緣編A。

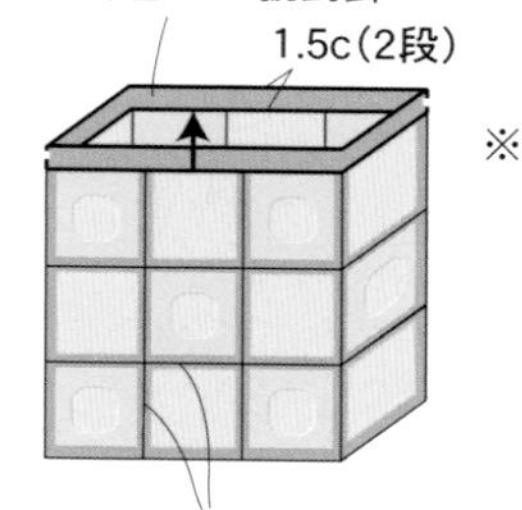

緣編A
淺咖啡色 6/0號鉤針
1.5c(2段)
※參考織圖
挑針。
織片反面相對，鉤鎖針
2針及引拔針併縫接合
（淺咖啡色．6/0號鉤針）

②鉤編提把。

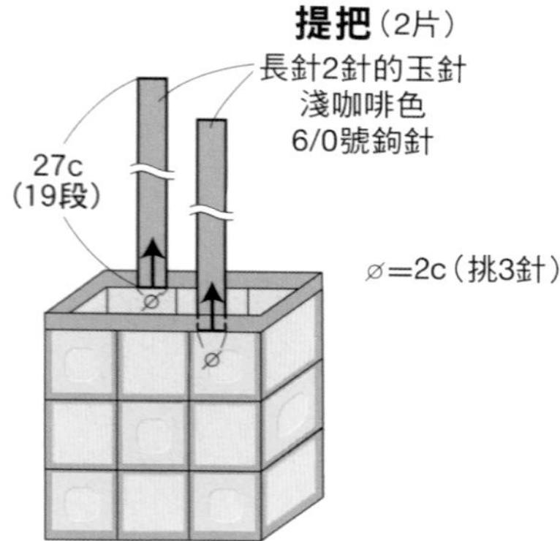

提把(2片)
長針2針的玉針
淺咖啡色
6/0號鉤針
27c
(19段)
⌀=2c(挑3針)

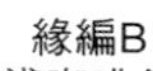

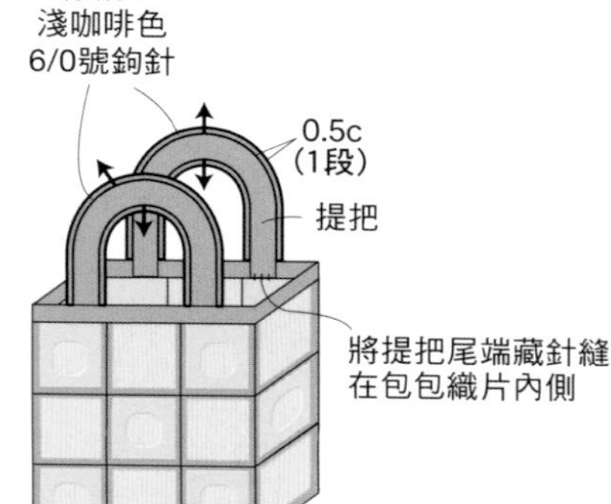

緣編B
淺咖啡色
6/0號鉤針
0.5c
(1段)
提把
將提把尾端藏針縫
在包包織片內側

③接縫裡袋。

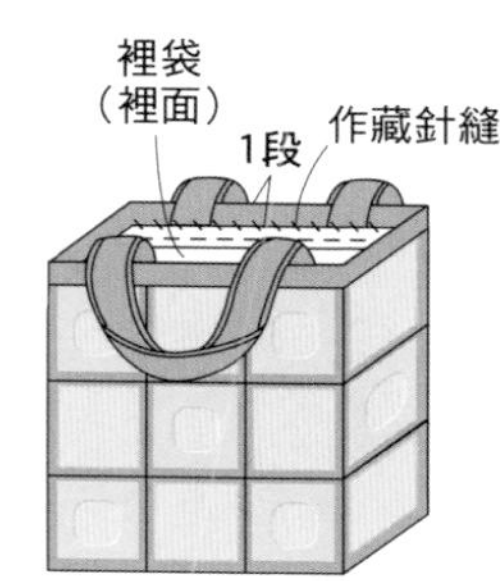

裡袋
(裡面)
1段
作藏針縫

裡袋作法

①裁剪布料。

②對摺，縫合脇邊。

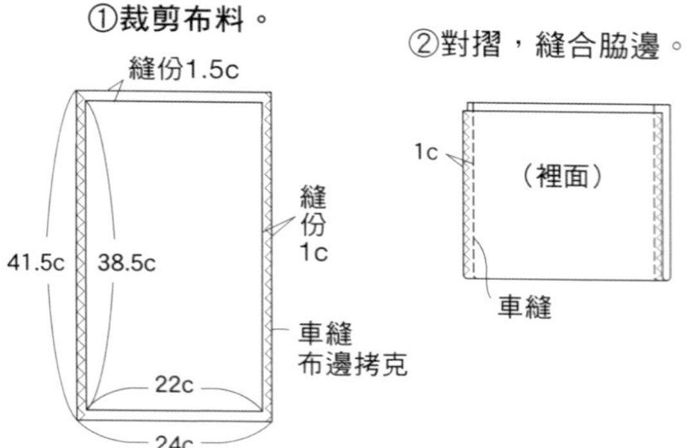

縫份1.5c
41.5c
38.5c
縫份1c
車縫
布邊拷克
22c
24c
1c
(裡面)
車縫

③袋口周圍摺2褶後車縫。

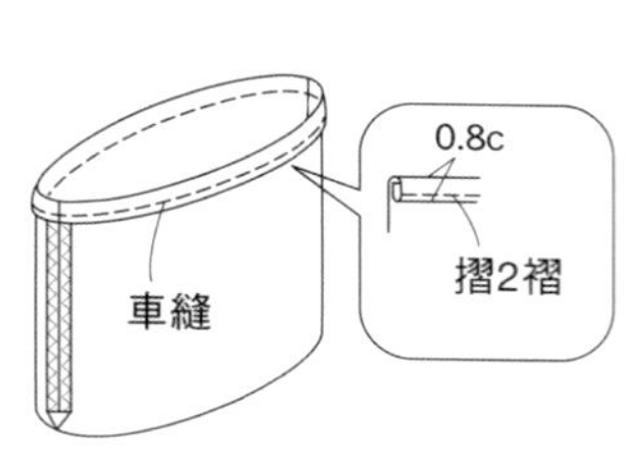

車縫
0.8c
摺2褶

④縫製袋底。

⑤翻回表面。

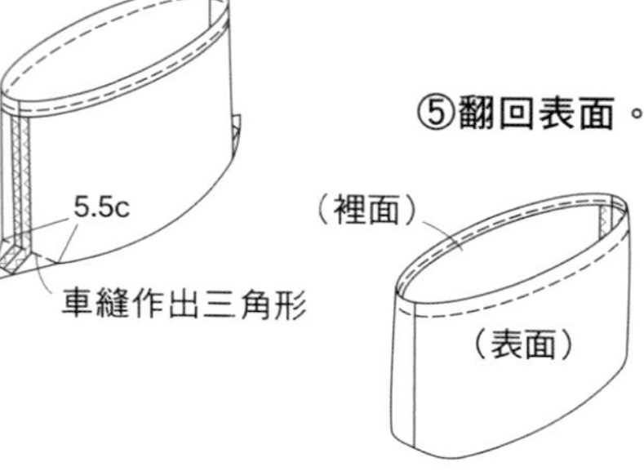

5.5c
車縫作出三角形
(裡面)
(表面)

織片排列法

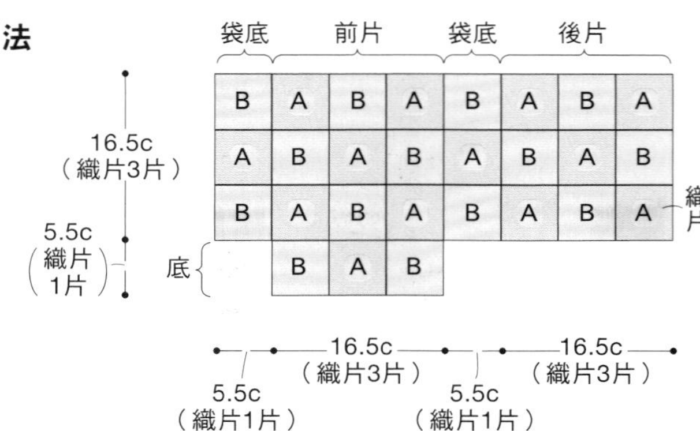

袋底
前片
袋底
後片
16.5c
（織片3片）
5.5c
（織片1片）
底
織片
B A B A B A B A
A B A B A B A B
B A B A B A B A
B A B
16.5c
（織片3片）
5.5c
（織片1片）
16.5c
（織片3片）
5.5c
（織片1片）

織片鉤接作法・緣編A・B提把織圖

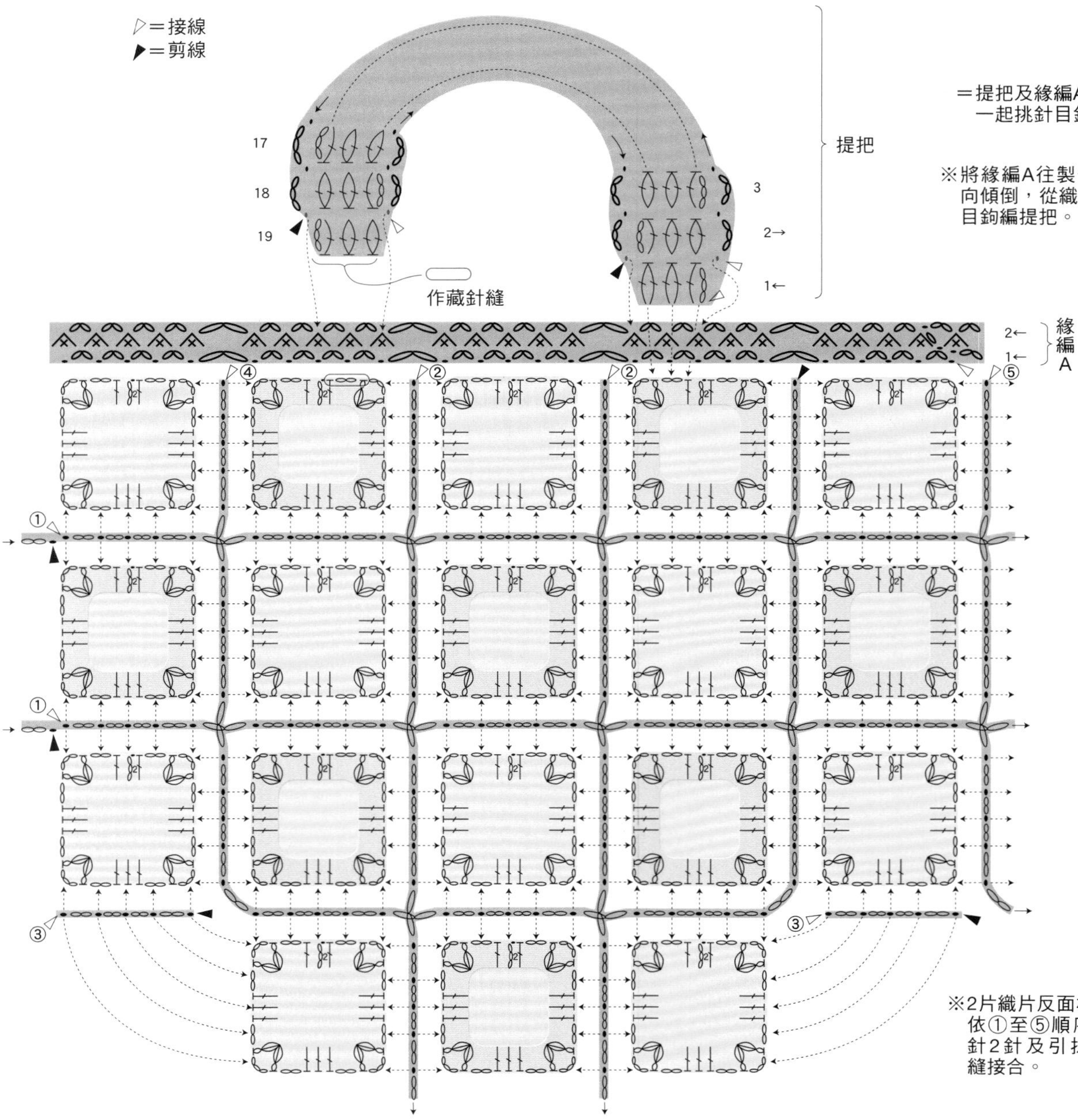

▷＝接線
▶＝剪線

＝提把及緣編A重疊一起挑針目鉤引拔針。

※將緣編A往製作者方向傾倒，從織片挑針目鉤編提把。

提把

17
18
19
3
2→
1←

作藏針縫

緣編A
2←
1←

①②③④⑤

※2片織片反面相對，依①至⑤順序鉤鎖針2針及引拔針併縫接合。

P.76 *No.112*

＊使用線材
Daruma 向陽有機棉線
原色（2）10g
＊其他材料
直22×橫18.5cm提袋
＊工具
鉤針4/0號
＊完成尺寸
織片 直徑9.5cm
織帶 寬4cm　長39cm
＊織法
1.作輪狀起針鉤編織片。
2.鎖針的輪狀起針，鉤編織帶。
3.將織片及織帶接縫在包包上。

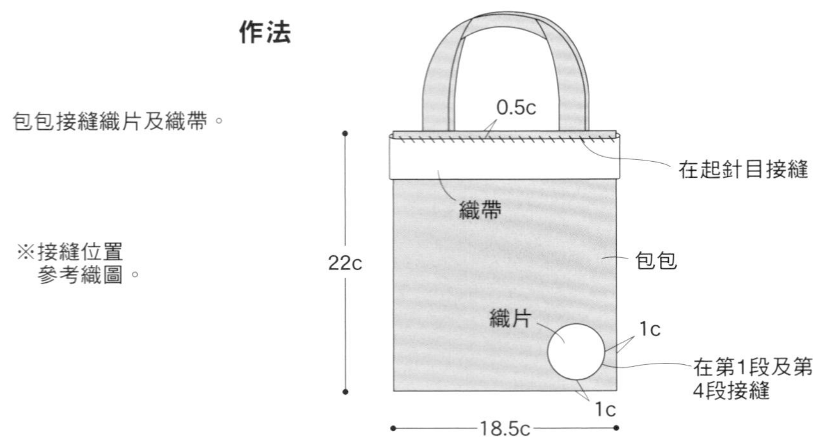

作法
包包接縫織片及織帶。
※接縫位置
參考織圖。
0.5c
在起針目接縫
織帶
22c
包包
織片
1c
在第1段及第4段接縫
1c
18.5c

織片織圖
4/0號鉤針
━ ＝接縫包包位置

收針
4
3
2
1
環
9.5c

織帶
4/0號鉤針

4c（4段）
輪編
37c
起針（84針鎖針・14組花樣），接合成圈

織帶織圖
━ ＝接縫包包位置

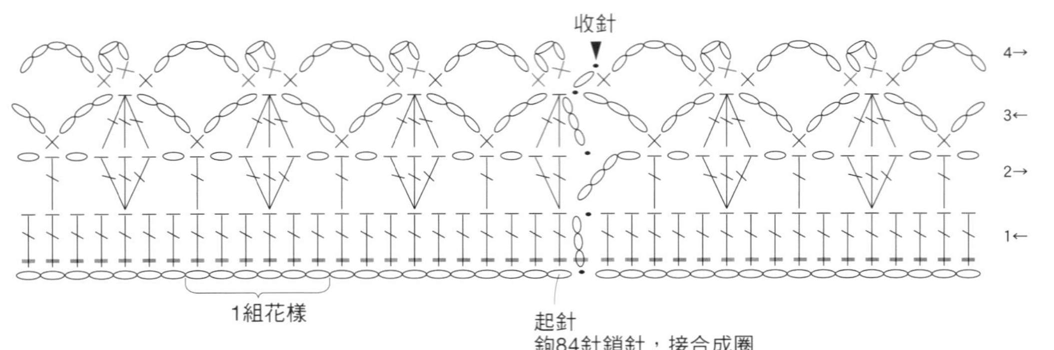

收針
4→
3←
2→
1←
1組花樣
起針
鉤84針鎖針，接合成圈

※×為在結粒針（參考P.94）×的短針入針鉤編短針。

※第1段長針為挑起針鎖針裡山鉤編。

P.76 *No.113*

＊使用線材
合太金蔥毛線
原色金蔥　15g
＊其他材料
布 20×123cm
＊工具
鉤針5/0號
＊完成尺寸
織帶 寬8.5cm　長17cm
圍巾 寬17cm　長135cm
＊織法
1.以鎖針起針，鉤編織帶。
2.完成布片。
3.圍巾接縫織帶。

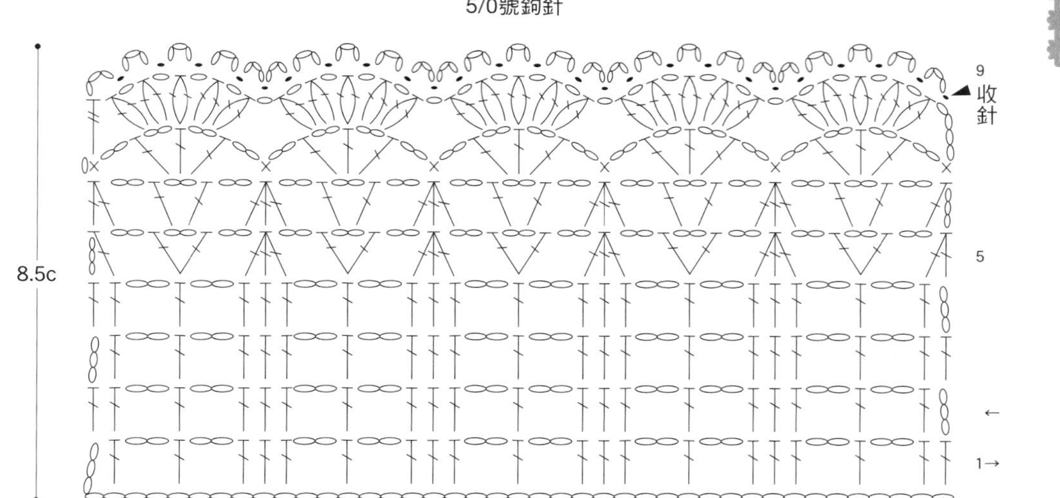

織圖（2片）
5/0號鉤針
9
收針
5
←
1→
8.5c
1組花樣
起針
鉤41針鎖針
（5組花樣＋1針針目）
17c

※第1段長針為挑起針鎖針裡山鉤編。

布片作法

①裁剪布片。

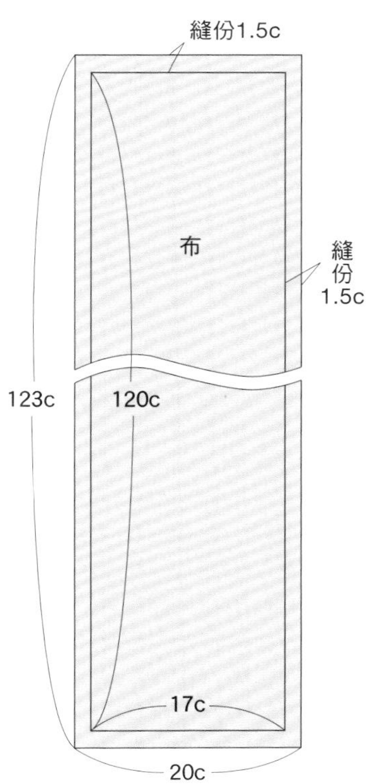

縫份1.5c
布
縫份1.5c
123c
120c
17c
20c

②縫合四邊。

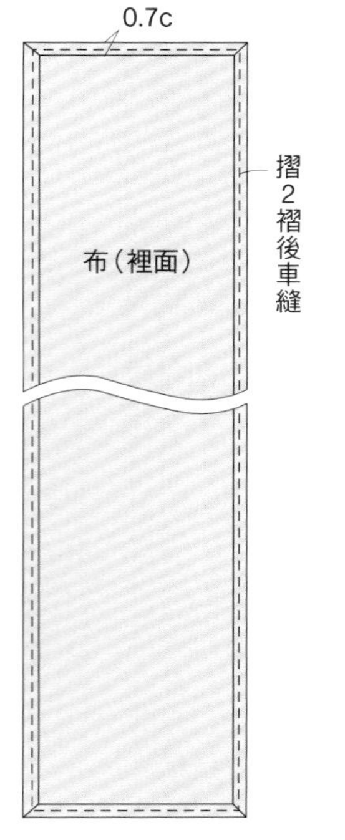

0.7c
摺2褶後車縫
布（裡面）

作法

布片兩端
縫上織帶。

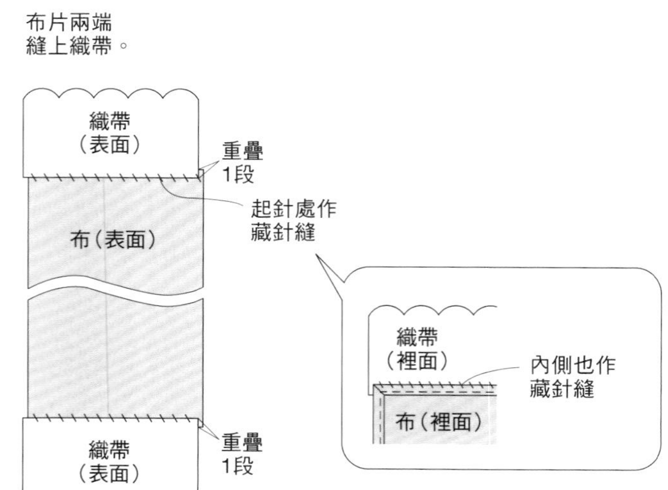

織帶
（表面）
重疊
1段
起針處作
藏針縫
布（表面）
織帶
（表面）
重疊
1段
織帶
（裡面）
內側也作
藏針縫
布（裡面）

P.78 *No.115*

＊使用線材
Daruma手織線 小巻Caféあいぶと
玫瑰粉（7）125g 淺褐色（3）40g
＊其他材料
抱枕芯（35 × 35㎝）1個
鈕釦（15㎜）4顆
＊工具
鉤針4/0號
＊完成尺寸
長約41㎝ 寬約41㎝

＊織法
1. 鎖針起針，鉤織1片織片，再沿四周鉤織緣編A。
2. 第2片以後，一邊鉤織緣編A的最終段，一邊拼接相鄰織片，總共接合4片織片。以此作為前片。
3. 依前片的相同織法拼接4片織片，完成後片。
4. 一邊鉤織緣編B的第1段，一邊接縫抱枕套前後片的3邊，接著以輪編在抱枕套開口處鉤織緣編B第1段。
5. 鉤織緣編B的第2至第4段。
（第3・4段僅在接縫的3邊，以及抱枕套開口的前片鉤織）
6. 接縫鈕釦。

織片拼接方式＆緣編B
※依照1至4、5至8的順序拼接織片。

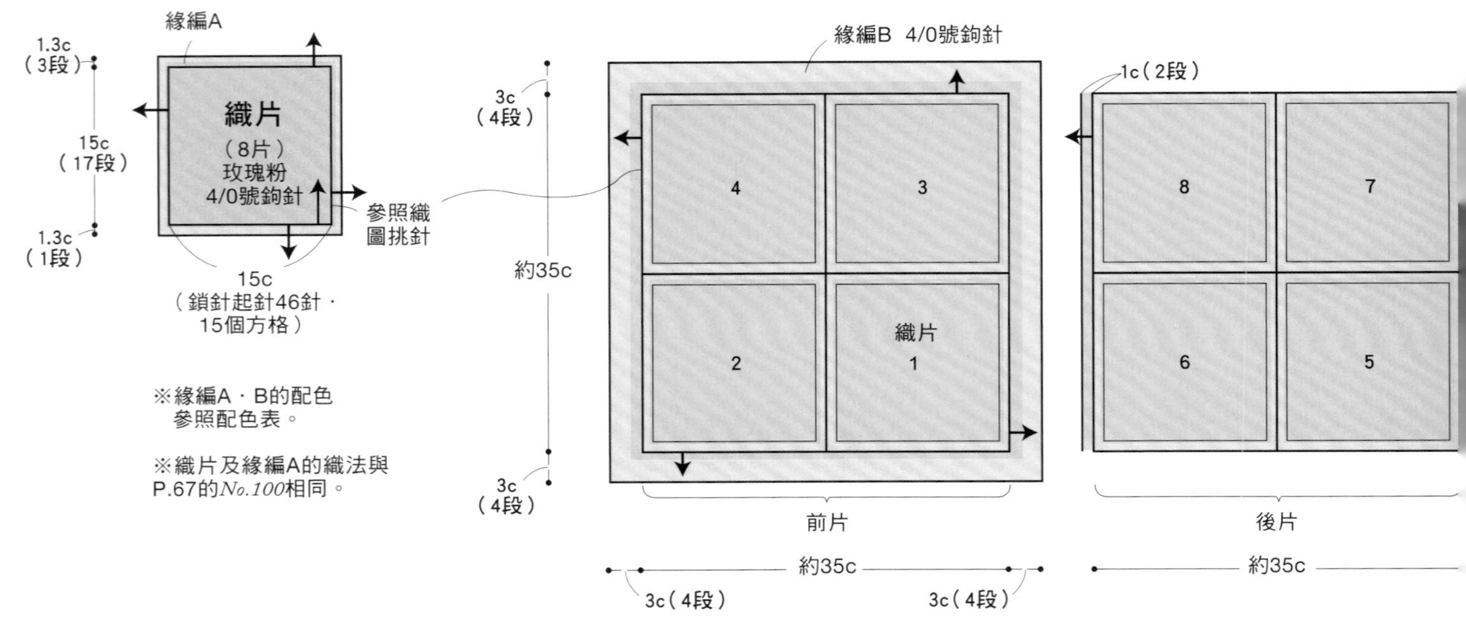

緣編A
1.3c（3段）
15c（17段）
1.3c（1段）
織片
（8片）
玫瑰粉
4/0號鉤針
參照織圖挑針
15c（鎖針起針46針・15個方格）
緣編B 4/0號鉤針
3c（4段）
約35c
3c（4段）
4
3
2
織片
1
前片
1c（2段）
8
7
6
5
後片
約35c
3c（4段）
3c（4段）
約35c

※緣編A・B的配色參照配色表。

※織片及緣編A的織法與P.67的*No.100*相同。

完成方法

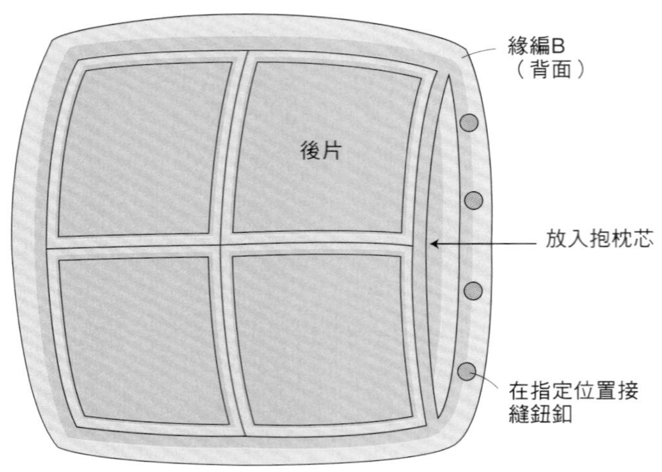

後片
緣編B（背面）
放入抱枕芯
在指定位置接縫鈕釦

緣編A配色

1段	玫瑰粉
2・3段	淺褐色

緣編B配色

1・2・3段	玫瑰粉
4段	淺褐色

※織片的第1段是挑起針的鎖針裡山鉤織。
※緣編A第1段的×是穿入邊端針目挑針鉤織。
※緣編B第2段的●是在開口的前、後片上挑針，2片一起鉤織。

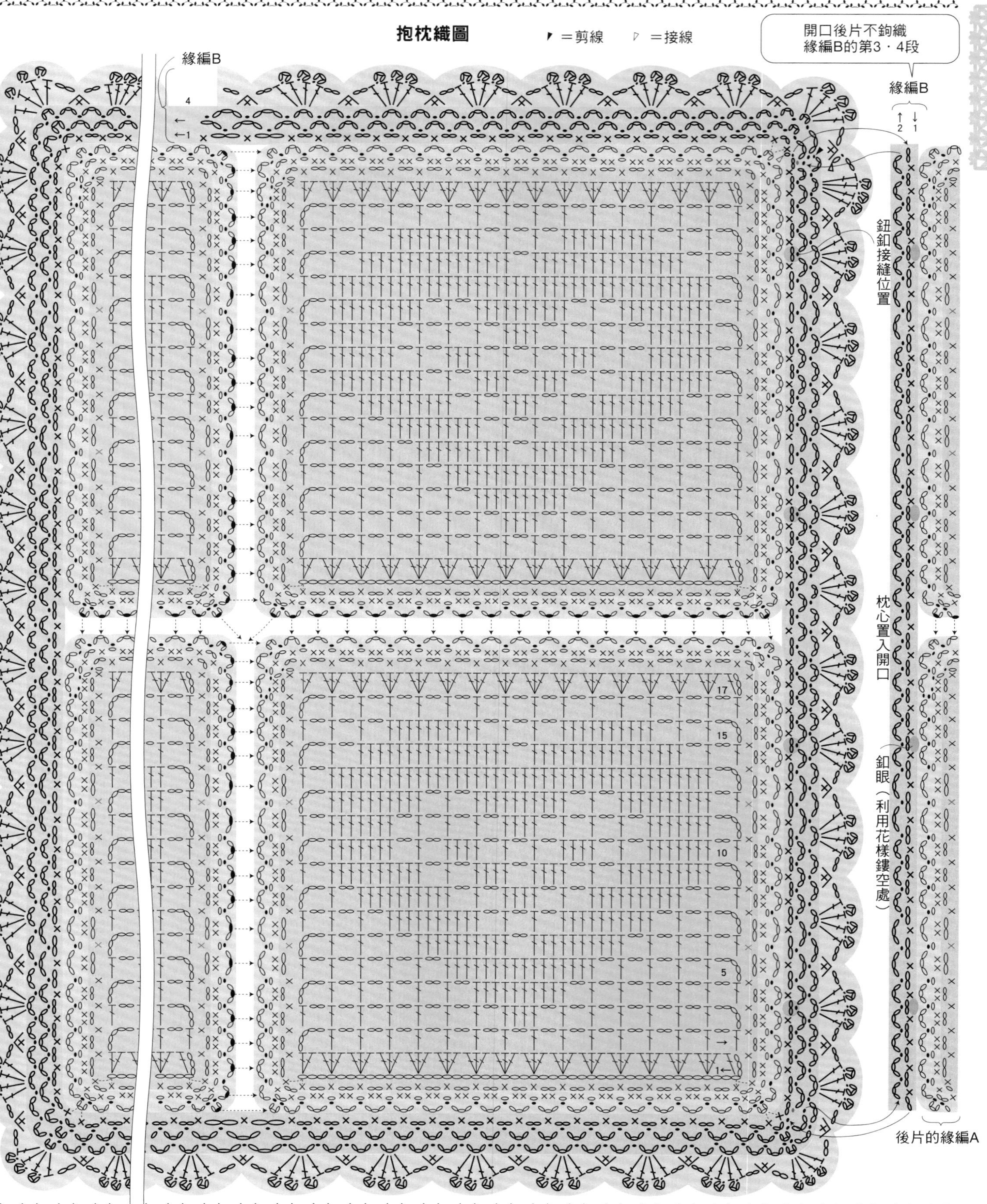

抱枕織圖
▼＝剪線
▽＝接線
開口後片不鉤織
緣編B的第3・4段
緣編B
緣編B
鈕釦接縫位置
枕心置入開口
釦眼（利用花樣鏤空處）
後片的緣編A

P.66 *No.99*
P.79 *No.116*・*No.117*

＊使用線材
Olympus蕾絲線 Emmy Grande〈Herbs〉
No.99 鮭魚粉（141）10g
Olympus手織線 Linen Nature
No.116 紫色（7）40g 原色（11）5g
No.117 淺綠色（9）16g 原色（11）2g

＊其他材料
No.116 緞帶（寬7cm）45cm×2條

＊工具
No.99 鉤針2/0號
No.116・*117* 鉤針3/0號

＊完成尺寸
No.99 直13cm 寬約13.5cm
No.116 直22.5cm 寬約17cm
No.117 直17cm 寬約17cm

＊織法
No.99・*No.117*
1. 鎖針起針，以花樣編鉤織本體。
2. 接續沿周圍鉤織緣編。

No.116
1. 鎖針起針，以花樣編A鉤織前片，接著繼續沿周圍鉤織緣編A。
2. 鎖針起針，以花樣編A'鉤織後片，接著繼續沿周圍鉤織緣編A。
3. 前、後片背面相對疊合對齊，以緣編B接縫左、右、下方3邊。
4. 接著在袋口鉤織花樣編B。
5. 穿入緞帶。

No.99・*No.117*

1c
1.2c
（3段）
11c
14.5c
（17段）
1c
1.2c
（3段）

花樣編
2/0號鉤針
3/0號鉤針

1c
1.2c
（3段）
參照織圖挑針
11.5c
14.5c
（鎖針起針46針・15個方格）

※*No.117*的配色參照配色表。

黑字＝ *99*
紅字＝ *117*

No.117 配色

花樣編全段・緣編1・3段	淺綠色
緣編2段	原色

No.99・*117* 織圖

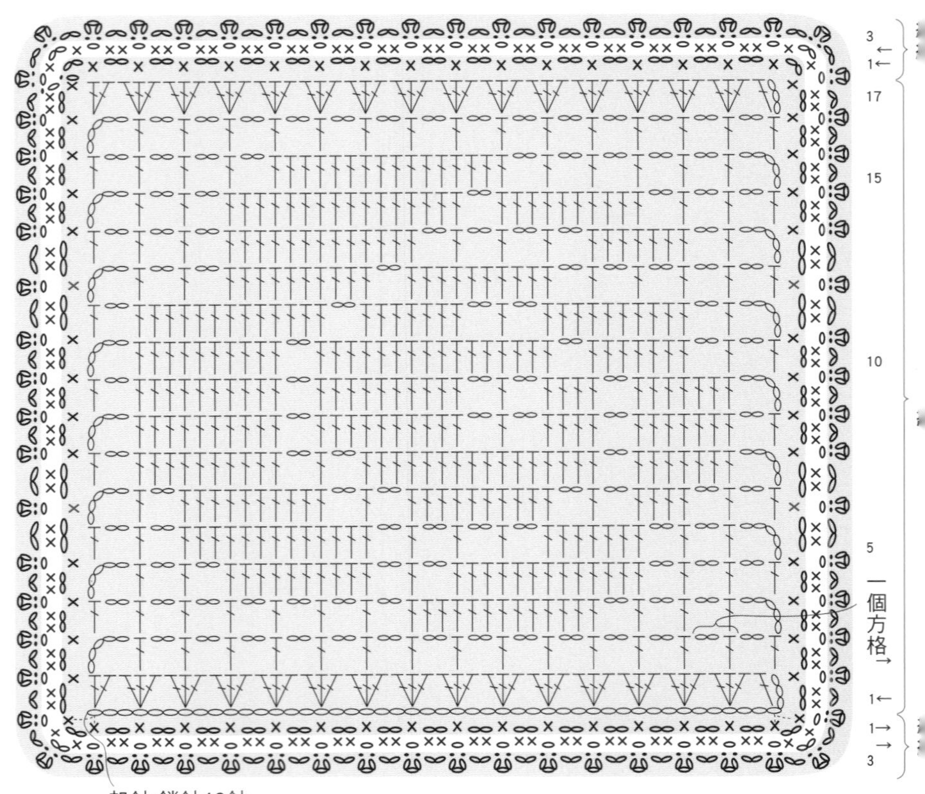

3
1
17
15
10
5
一個方格
1
1
3
起針 鎖針46針

No.116 完成方法

①鉤織前片、後片各1片，並且分別沿周圍鉤織緣編A。

②將兩織片背面相對疊合，對齊後鉤織緣編B接縫3邊。

③在緣編A挑針，鉤織花樣編B。

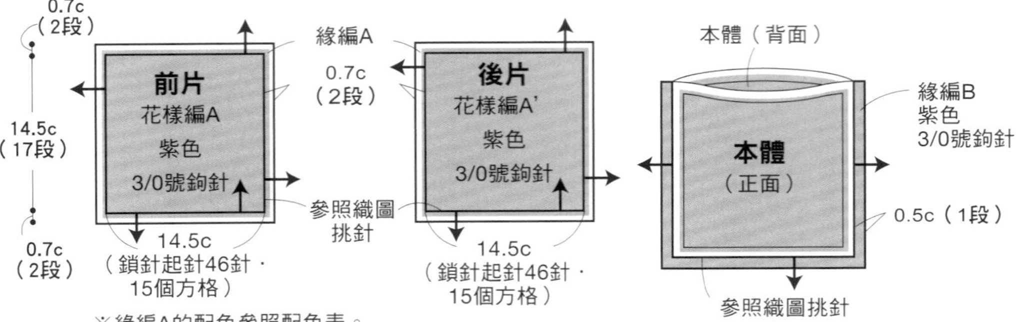

0.7c（2段）
14.5c（17段）
0.7c（2段）
前片
花樣編A
紫色
3/0號鉤針
14.5c（鎖針起針46針・15個方格）
緣編A
0.7c（2段）
參照織圖挑針
後片
花樣編A'
紫色
3/0號鉤針
14.5c（鎖針起針46針・15個方格）
本體（背面）
本體（正面）
緣編B
紫色
3/0號鉤針
0.5c（1段）
參照織圖挑針

※緣編A的配色參照配色表。

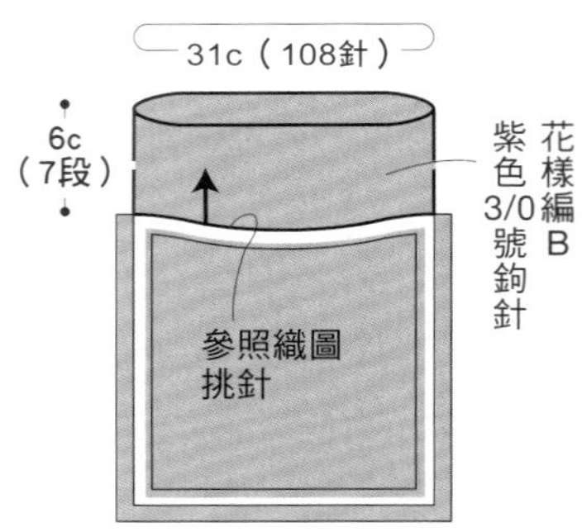

31c（108針）
6c（7段）
花樣編B
紫色
3/0號鉤針
參照織圖挑針

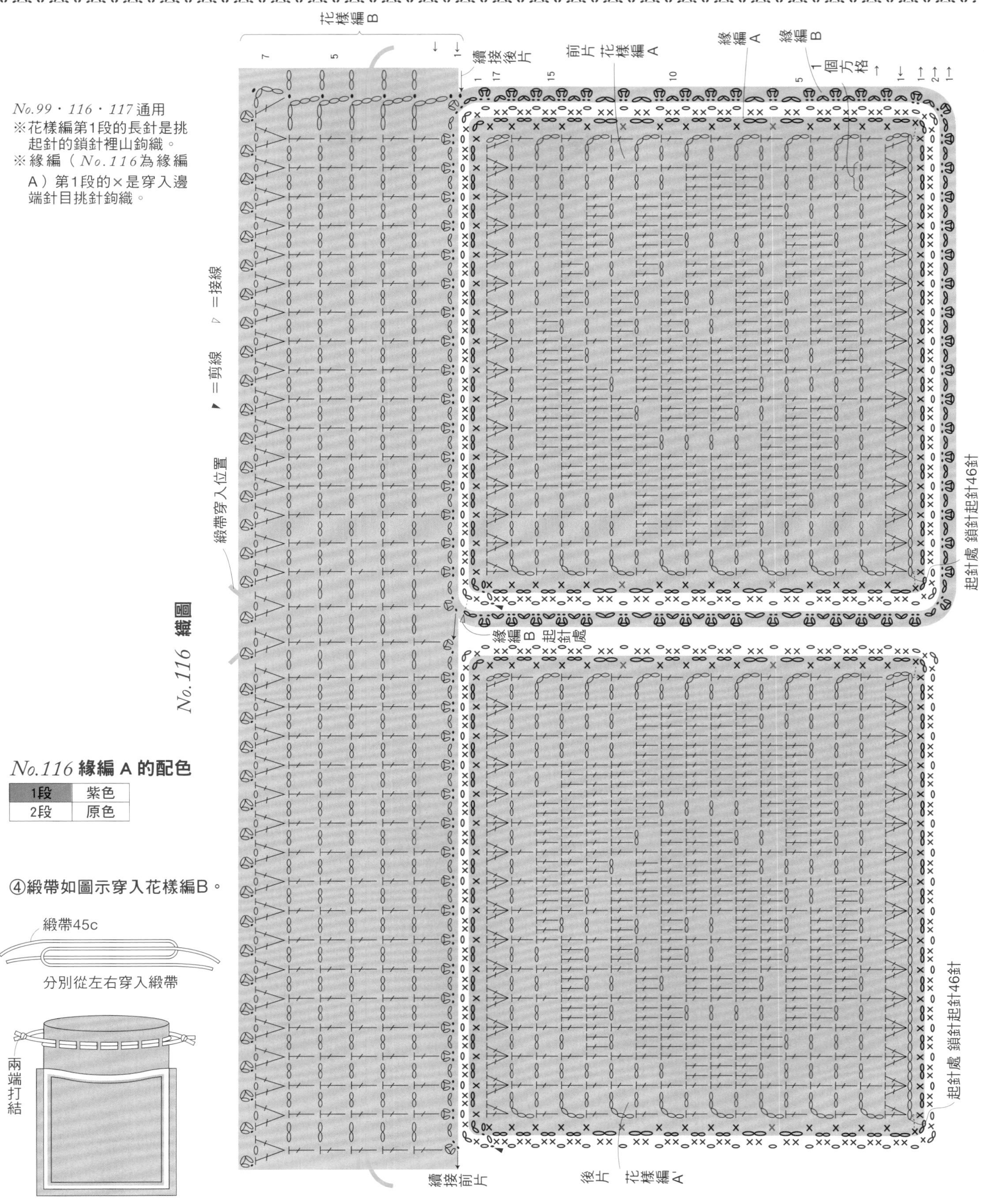
No.99・116・117通用
※花樣編第1段的長針是挑起針的鎖針裡山鉤織。
※緣編（No.116為緣編A）第1段的×是穿入邊端針目挑針鉤織。
No.116 織圖
緞帶穿入位置
▼＝剪線 ▽＝接線
花樣編B
續接後片
前片 花樣編A
緣編A
緣編B
1個方格
起針處 鎖針起針46針
緣編B 起針處
續接前片
後片 花樣編A'
起針處 鎖針起針46針
No.116 緣編A的配色
1段 紫色
2段 原色
④緞帶如圖示穿入花樣編B。
緞帶45c
分別從左右穿入緞帶
兩端打結

P.77 *No.114*

＊使用線材
Daruma 頂級美麗諾毛線（粗）
原色（1）5g

＊其他材料
直14×寬15.5×底4cm的小包
串珠（切角珠・4mm・銀色）8顆

＊工具
鉤針4/0號

＊完成尺寸
織片直徑10cm
毛線球直徑2cm

＊織法
1.作輪狀起針，鉤編織片。
2.將完成的織片接縫到包包上，織片接縫串珠。
3.作輪狀起針鉤毛線球，接縫在拉鍊上。

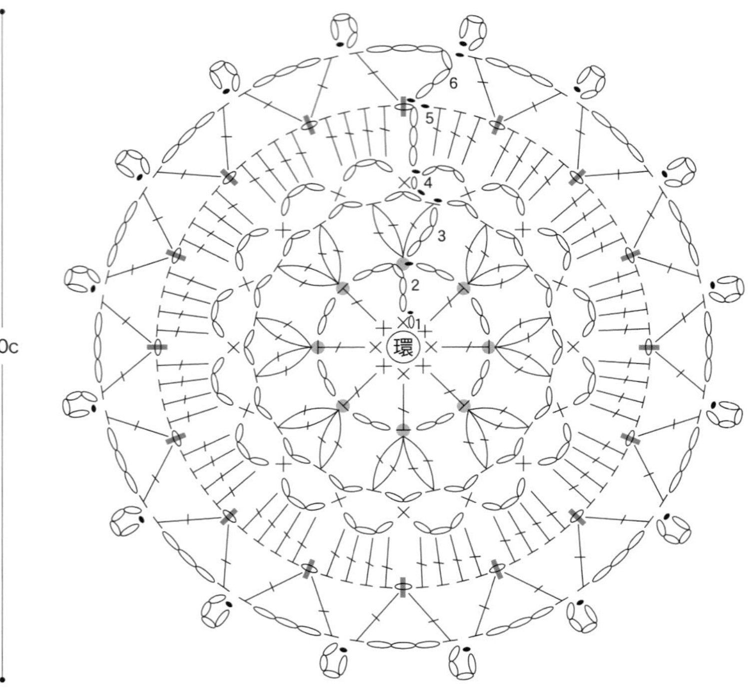

織片織圖
4/0號鉤針
● ＝接縫串珠位置
┃ ＝縫合固定包包位置
10c
環

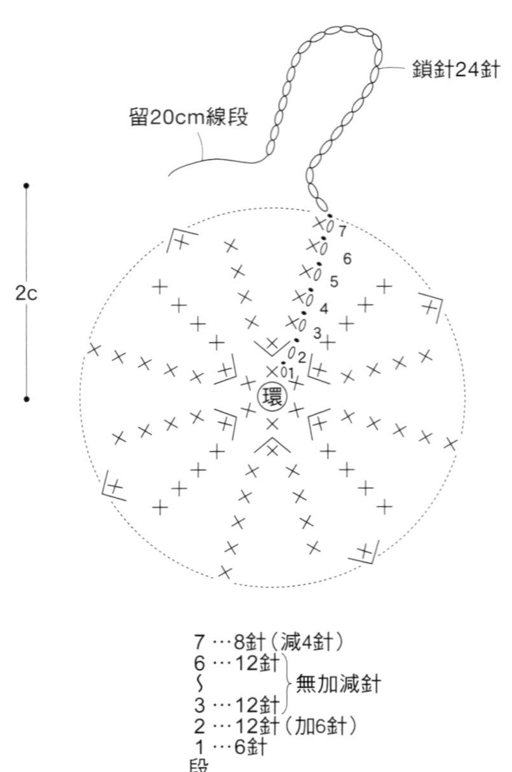

毛線球織圖
4/0號鉤針
鎖針24針
留20cm線段
2c
環

7 …8針（減4針）
6 …12針
∫
3 …12針 無加減針
2 …12針（加6針）
1 …6針
段

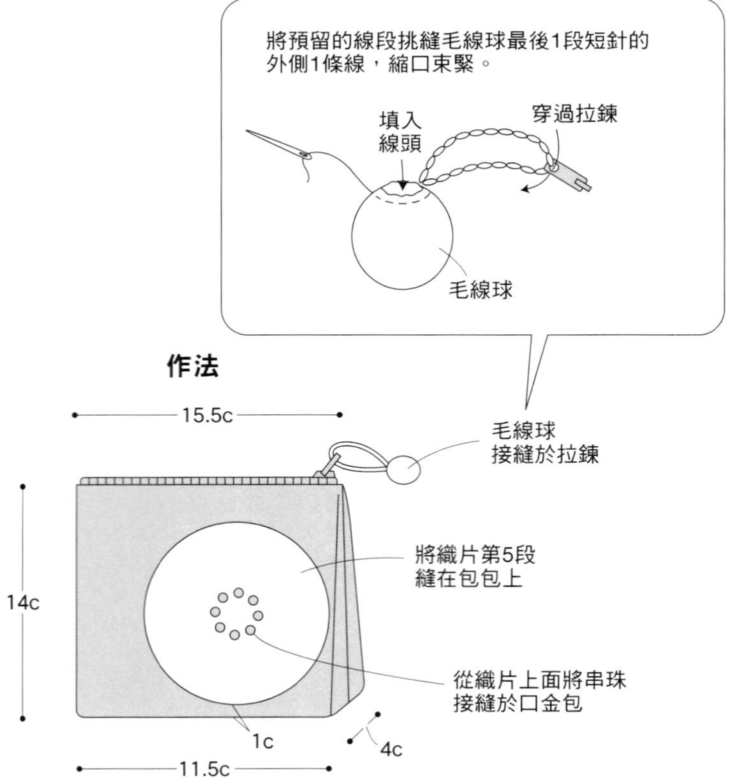

將預留的線段挑縫毛線球最後1段短針的外側1條線，縮口束緊。
填入線頭
穿過拉鍊
毛線球
作法
15.5c
毛線球接縫於拉鍊
14c
將織片第5段縫在包包上
從織片上面將串珠接縫於口金包
1c
4c
11.5c

✻接續 P.36 No.50・No.51 織法

※為使讀者更容易了解，
使用不同顏色線材鉤編示範。

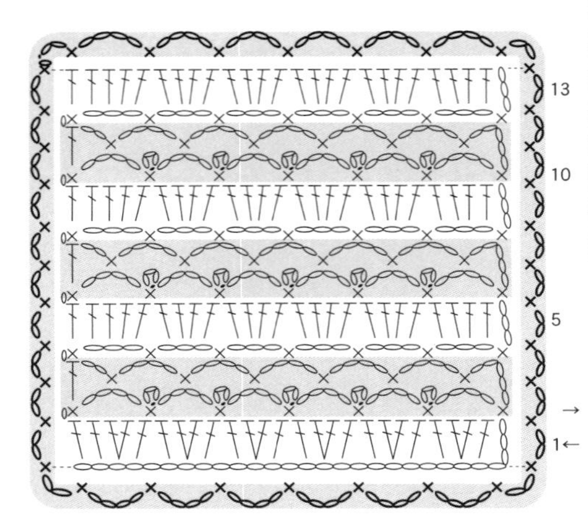

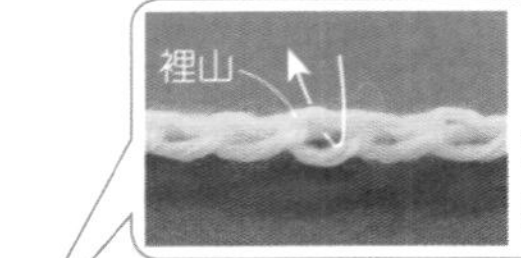
裡山
鎖針背面凸起來的部分即稱為裡山。

起針針目

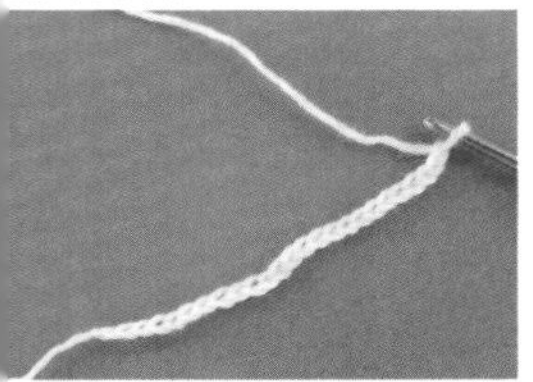
1 以a色線材鉤25針鎖針的起針針目。

第1段

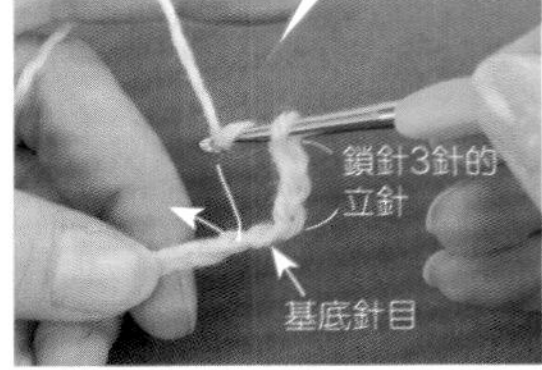
鎖針3針的立針
基底針目
2 鉤3針鎖針作立針，鉤針掛線後穿入基底針目下一鎖針的裡山鉤長針。

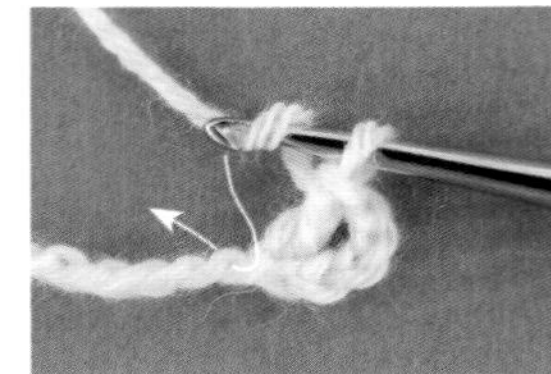
3 完成1針長針，鉤針掛線，在下一個鎖針針目鉤2針長針。

4 鉤2針長針，鉤針掛線，下一個針目鉤1針長針。

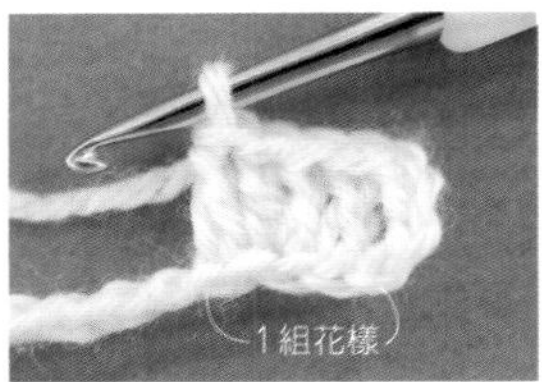
1組花樣
5 鉤1針長針。以「跳過1針鎖針鉤4針長針」為1組花樣，重複此方法編織。

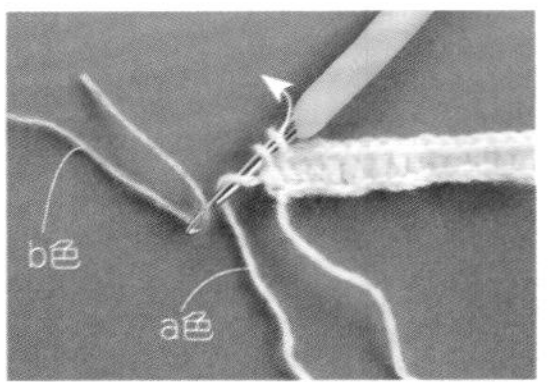
b色
a色
6 最後鉤1針長針，但引拔時鉤針除了掛a色線材外，也要將b線掛針一起引拔。

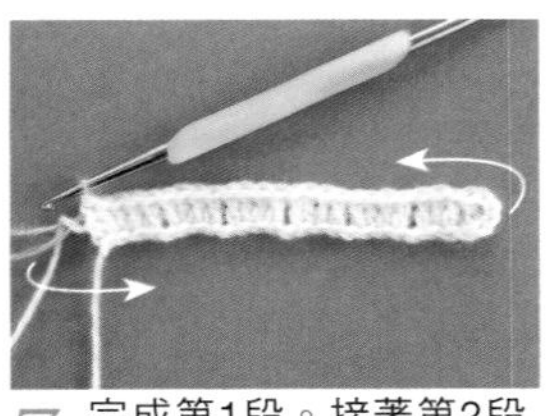
7 完成第1段。接著第2段為翻至織片背面鉤編，所以依照箭頭轉方向換邊鉤編，這時a色線暫時不鉤。

第2段

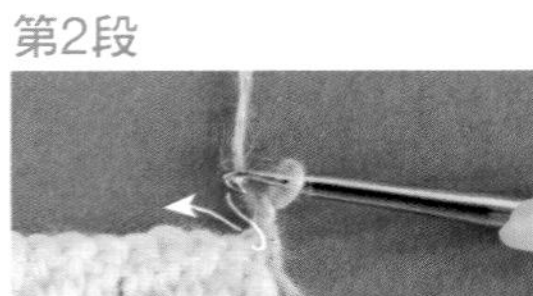
8 鉤1針鎖針作立針，依照箭頭標示在第1段端目的長針針目入針後鉤短針。

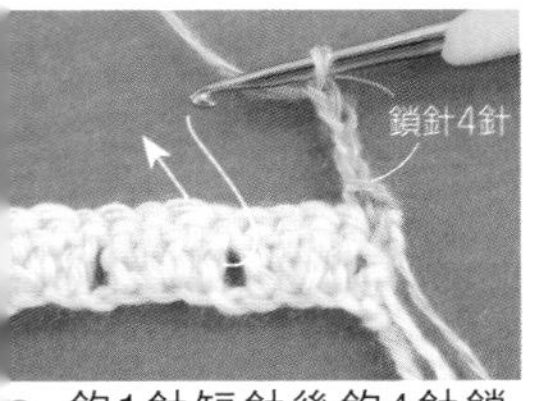
鎖針4針
9 鉤1針短針後鉤4針鎖針。接下來的短針則如圖示在長針和長針間挑束鉤編。

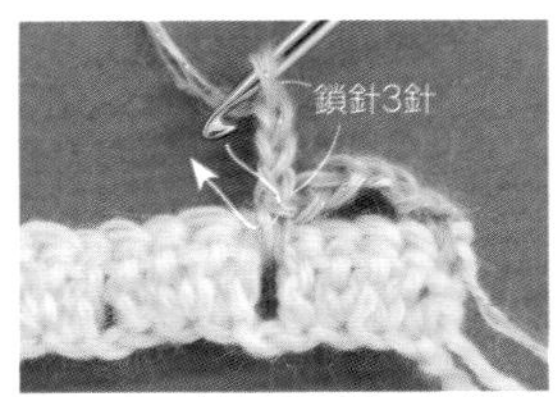
鎖針3針
10 短針後接著鉤3針鎖針的結粒針，再依照圖示入針作引拔針。

11 完成結粒針。

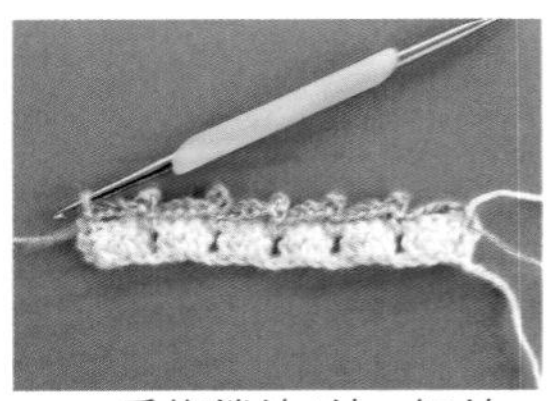
12 重複鎖針4針・短針・結粒針，完成第2段。

第3段

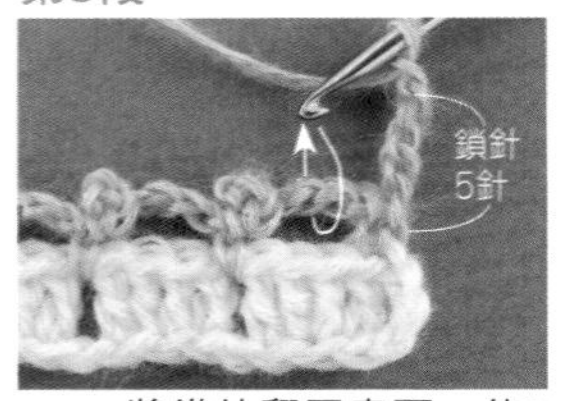
鎖針
5針
13 將織片翻回表面，鉤5針鎖針，再依照箭頭在第2段的鎖針4針挑束鉤短針。

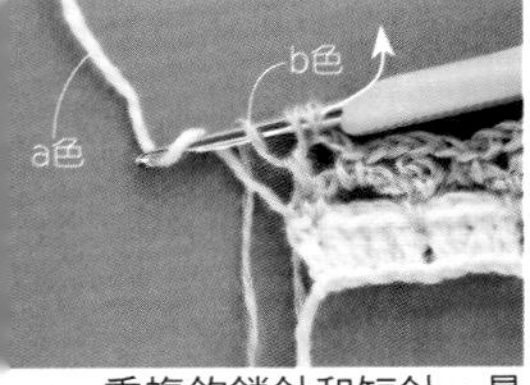
b色
a色
14 重複鉤鎖針和短針。最後鉤長針，此時b色線掛針外，a色線也掛針一起作引拔。

第4段

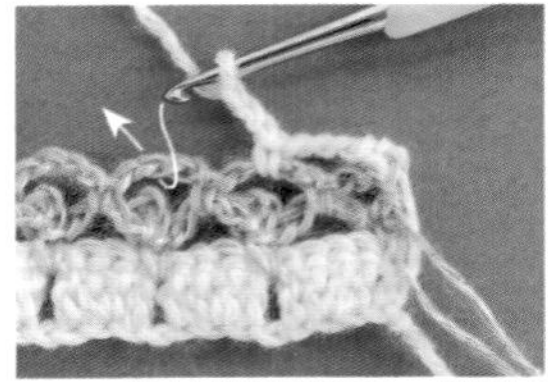
15 織片翻至背面，和第3段相同作法重複鉤短針及鎖針。

第5段

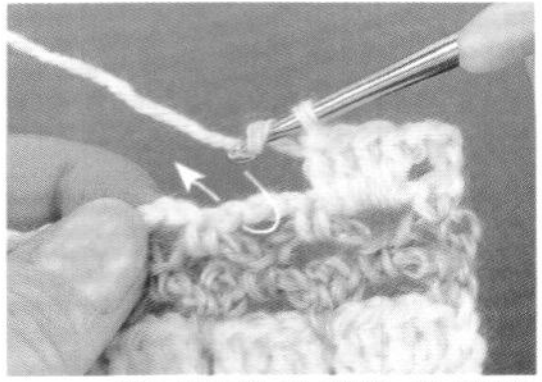
16 第5段的長針為依照箭頭挑束鉤編前1段的鎖針。4段為1組花樣重複鉤編，全部共鉤13段。

緣編

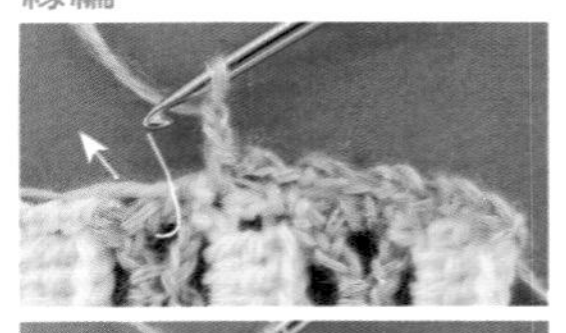
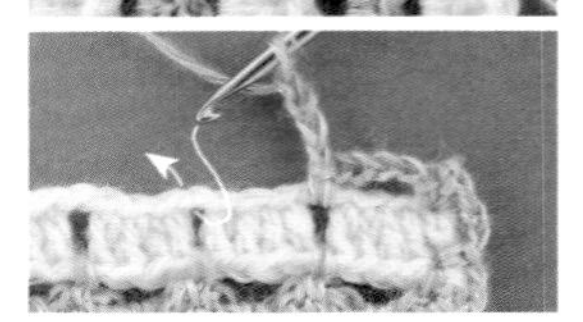
17 以b色線重複鉤短針與鎖針2針，以及鎖針4針完成織片1圈。

18 完成。

＊接續 P.4 *No.1* 織法

輪狀起針至第1段

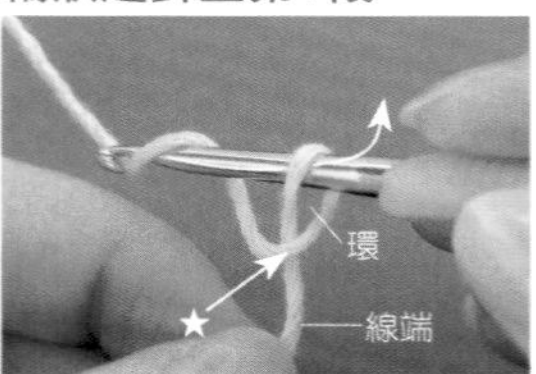
環
線端

1 鉤針穿過環圈掛線，依照箭頭方向引拔。（實際鉤編時，左手拿標示☆部分）

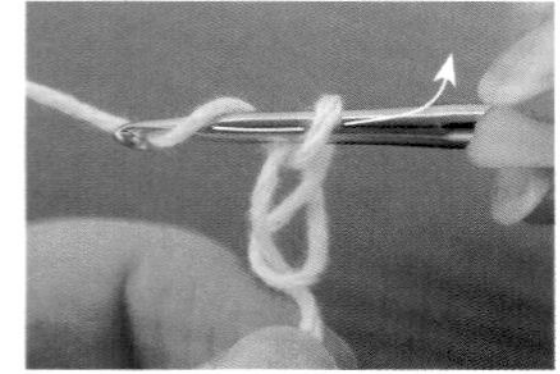

2 鉤針掛線依照標示方向引拔。

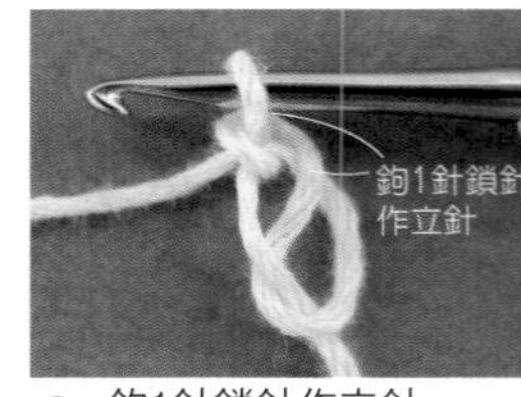
鉤1針鎖針
作立針

3 鉤1針鎖針作立針。

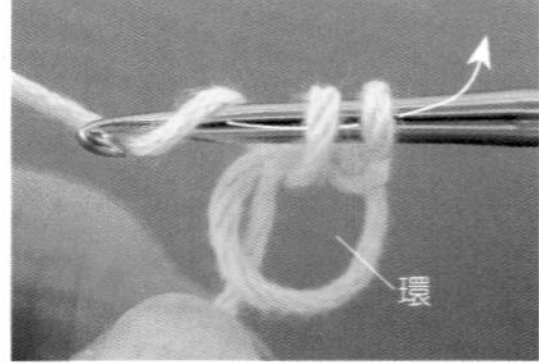
環

4 鉤針穿進環中拉線後，鉤針掛線依照箭頭方向一次引拔。鉤編時，鉤針要隨時掛著2條線圈。（實際鉤編時，左手拿環及線端）

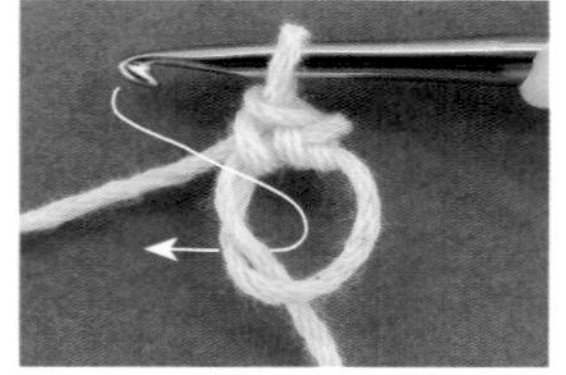

5 鉤1針短針，鉤針穿過環，鉤1針短針。

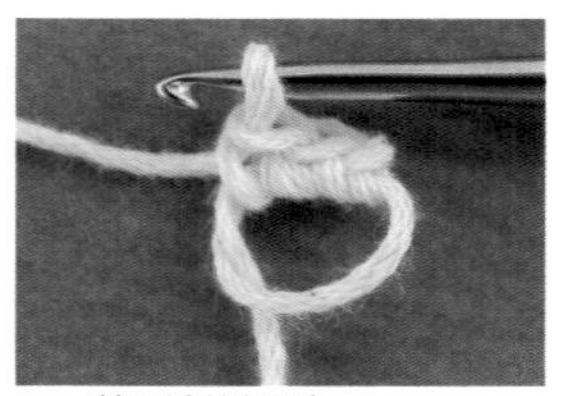

6 第2針鉤短針。

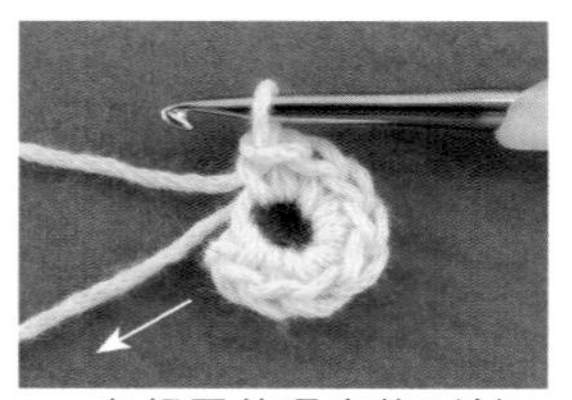

7 在相同的環中鉤6針短針，依照箭頭方向拉線收緊環。

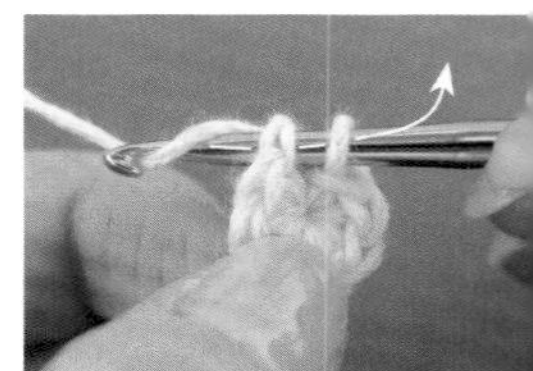

8 挑第1針短針針頭的2條線，鉤引拔針。

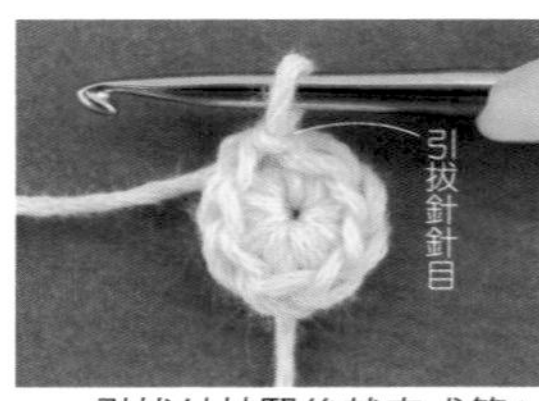
引拔針針目

9 引拔針拉緊後就完成第1段。

第2段

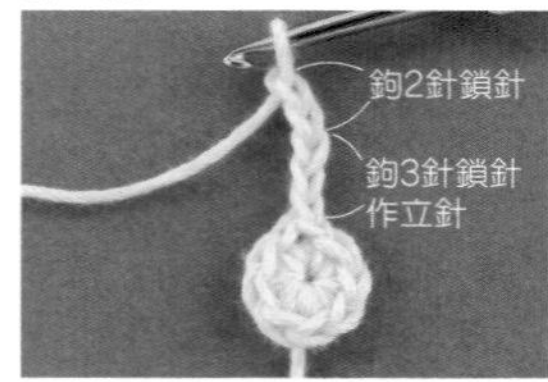
鉤2針鎖針
鉤3針鎖針
作立針

10 鉤3針鎖針作立針後，再鉤2針鎖針。

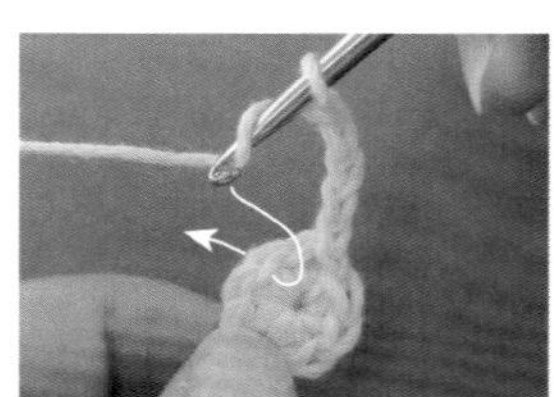

11 鉤針掛線，穿入第1段的第2個短針針目鉤長針。

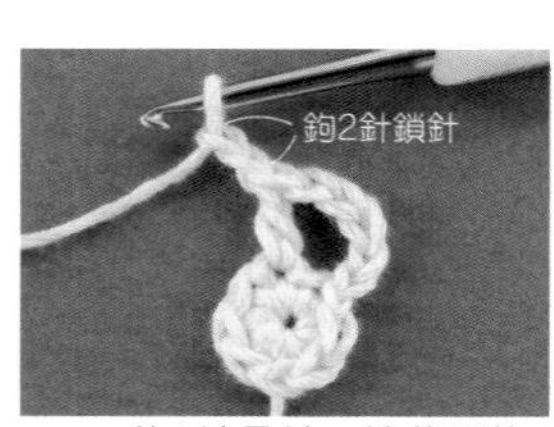
鉤2針鎖針

12 鉤1針長針，接著再鉤2針鎖針。

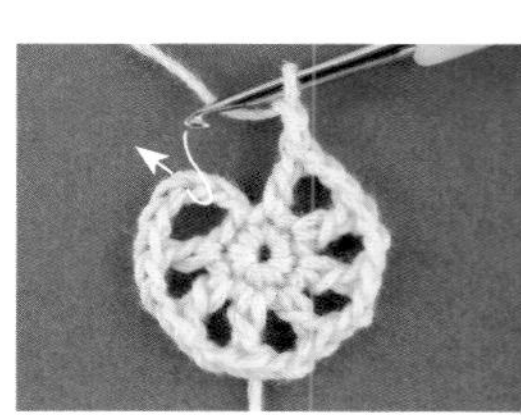

13 重複鉤一圈長針1針及鎖針2針，最後挑立針的第3針鎖針半目及裡山鉤引拔針。

第3段

14 鉤3針鎖針作立針。

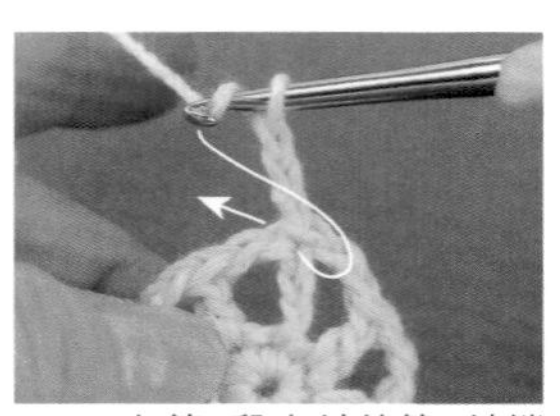

15 在第2段立針的第3針鎖針入針，鉤長針。

鉤2針
鎖針

16 鉤1針長針，接著鉤2針鎖針。

17 鉤針掛線，在織入步驟15長針的相同位置針目入針。

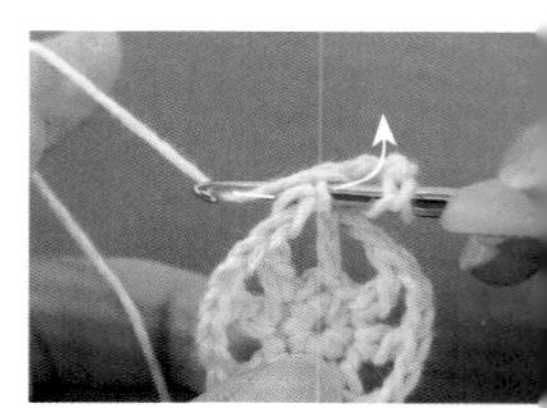

18 鉤針掛線，依照箭頭方向作引拔。

19 接著鉤針掛線，依圖示引拔。

20 鉤1針未完成的長針，鉤針再掛線穿入相同針目鉤1針未完成長針。

21 鉤針掛線，依照標示將未完成的2針長針一次作引拔。

22 完成長針2針的玉針。

鉤2針鎖針

23 再鉤2針鎖針。

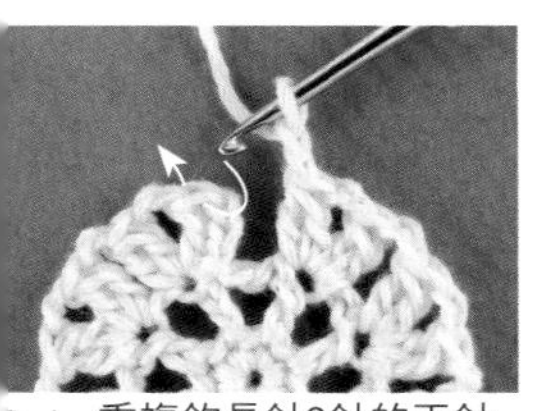

24 重複鉤長針2針的玉針及2針鎖針一圈後，最後在第3段第一次鉤的長針入針引拔。

第4段

25 將第3段的鎖針依照箭頭方向挑束鉤引拔針。

26 鉤1針鎖針作立針，依照箭頭在前段鎖針挑束鉤編短針。

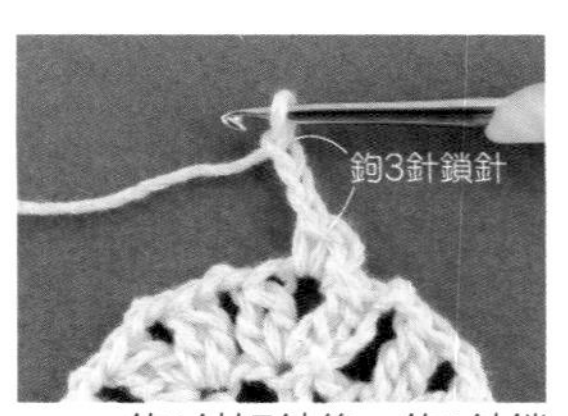
鉤3針鎖針

27 鉤1針短針後，鉤3針鎖針。

28 重複鉤短針1針及鎖針3針一圈，最後在第4段的第1針短針入針鉤引拔針。

第5段

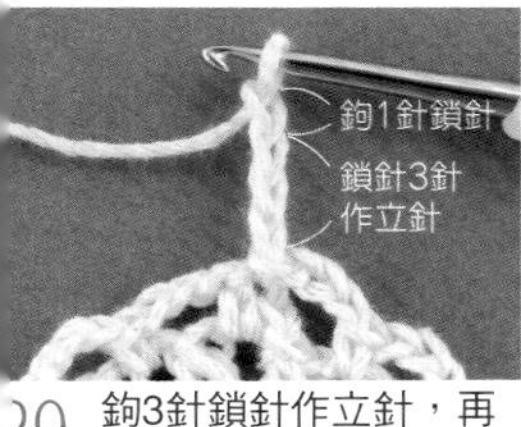
鉤1針鎖針
鎖針3針
作立針

29 鉤3針鎖針作立針，再鉤1針鎖針。

30 鉤針掛線，依照箭頭在前1段鎖針挑束鉤4針長針。

鉤1針鎖針

31 鉤4針長針後，鉤1針鎖針。

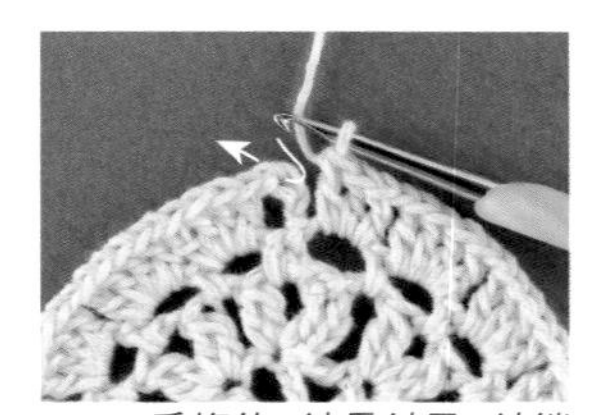

32 重複鉤4針長針及1針鎖針一圈，最後鉤3針長針及立針的第3針鎖針作引拔。

第6段

33 依照箭頭方向在前1段鎖針挑束鉤引拔針。

鉤3針鎖針
鎖針3針
作立針

34 鉤3針鎖針作立針，再鉤3針鎖針。

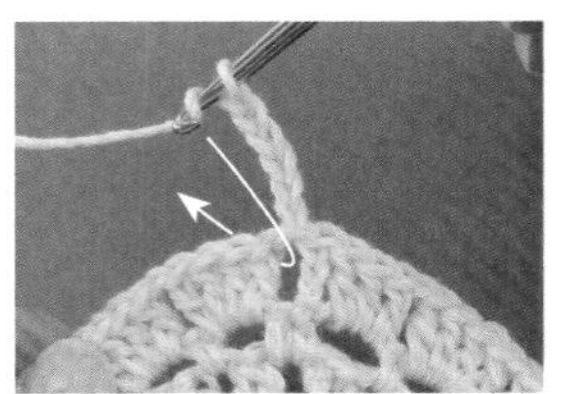

35 鉤針掛線，依照箭頭在前1段鎖針挑束鉤長針。

鉤4針鎖針

36 鉤1針長針，再鉤結粒針的4針鎖針後，依照箭頭標示入針鉤引拔針。

結粒針

37 完成結粒針，重複鉤「長針・鎖針3針・長針・結粒針」一圈。

38 最後在立針第3針入針鉤引拔針，完成織片。

基礎技巧

＊輪編・往復編

輪編 鉤編時是一直看著織片表面，每段都依照相同方向鉤編。

從中心開始鉤編時

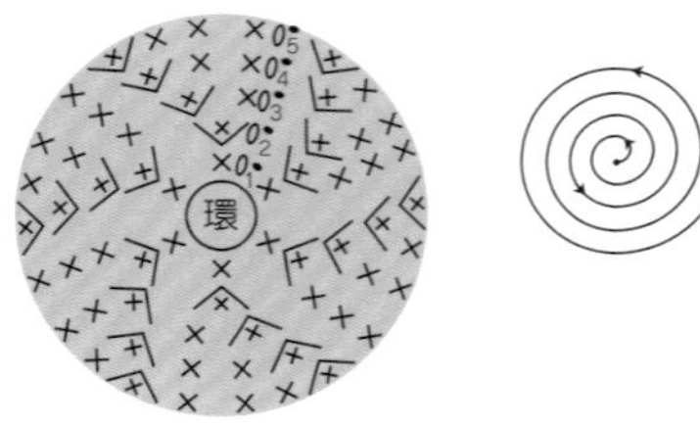
環

輪狀起針，從中心朝外側方向鉤編，通常是看著表面，以逆時針鉤編。

鉤接成筒狀時

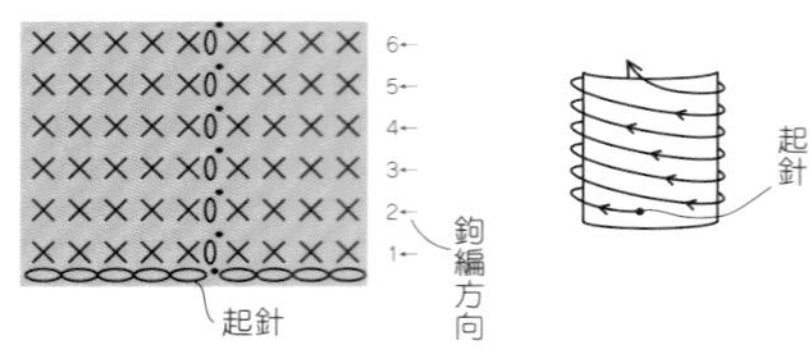
起針
鉤編方向
起針

鉤鎖針作輪狀起針，第1段的鉤織終點，與第1針作引拔鉤接成筒狀，以螺旋狀鉤編。

往復編

每段鉤編時是交替鉤編織片表面及背面。

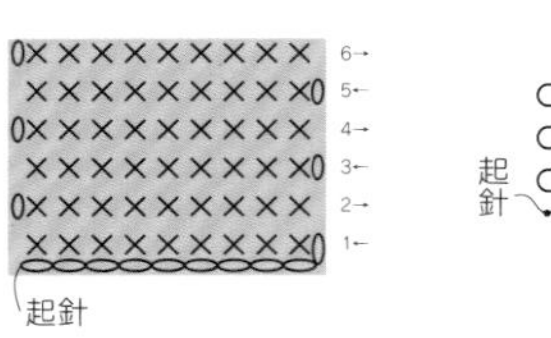
起針
起針

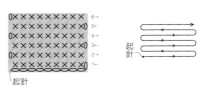

每1段依照箭頭方向，看著織片表面及背面交替鉤編。（箭頭往左時為表面，往右則為背面鉤編）

＊起針

鎖針起針

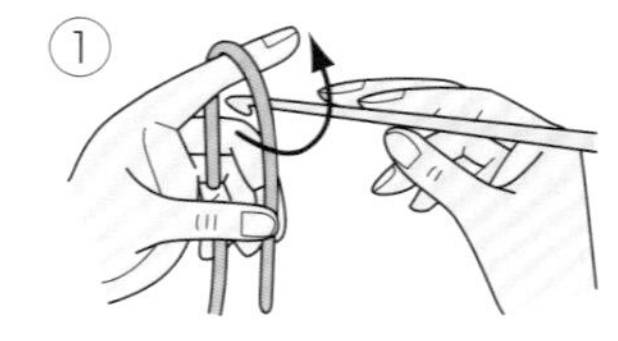

①鉤針放在織線後面，依照箭頭迴轉鉤針一次。

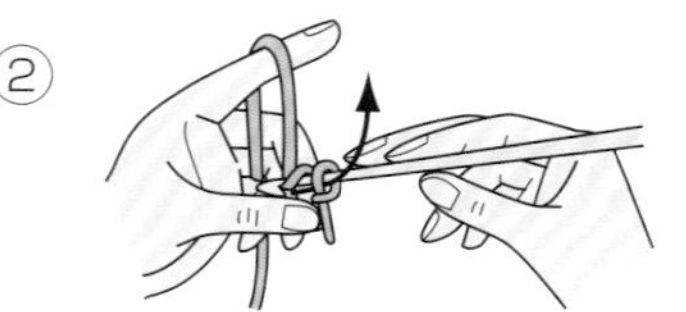

②鉤針捲住線段，左手壓住掛線的線段拉出。

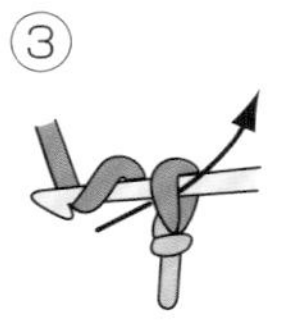

③鉤針掛線引拔。

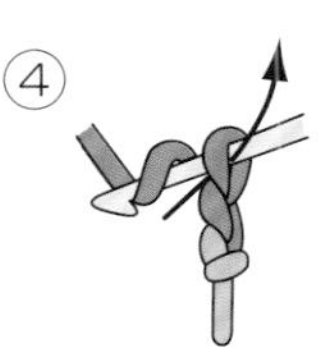

④重複相同作法。

鎖針的輪狀起針 （第1段為長針時）

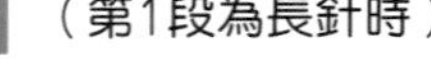

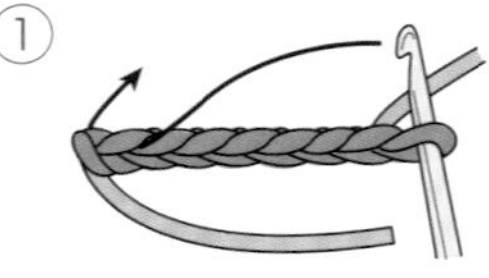

①鉤鎖針，在開始的針目入針。

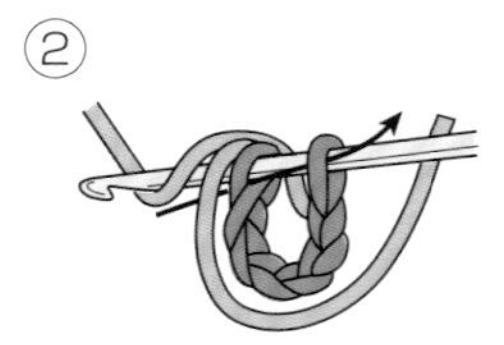

②鉤針掛線引拔。

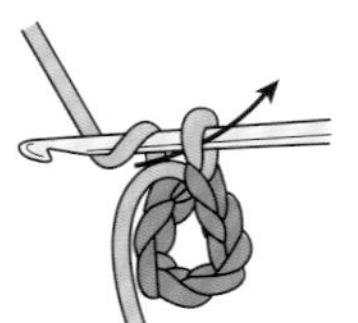

③鉤3針鎖針作第1段的立針。

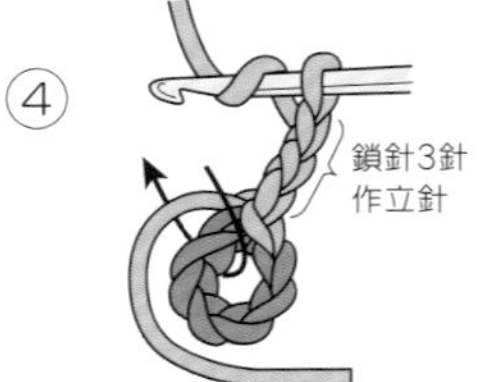
鎖針3針
作立針

④鉤針掛線依照箭頭標示入針。

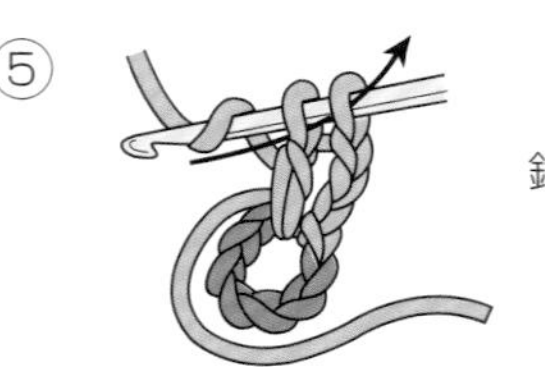

⑤鉤長針。

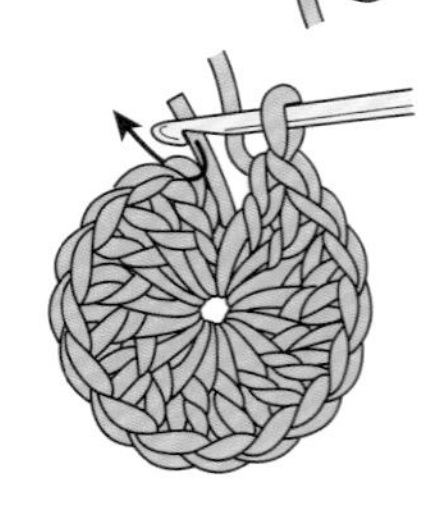

⑥鉤完需要針數後，依照箭頭方向在立針的第3針鎖針入針鉤引拔針。

輪狀起針 …參考P.100

＊針目記號

※「未完成」是指再引拔一次就可以完成針目（短針和長針等）的狀態。

鎖針

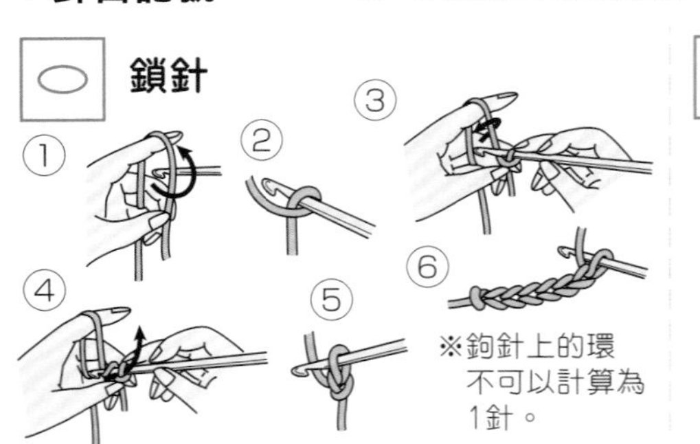

①②③④⑤⑥

※鉤針上的環不可以計算為1針。

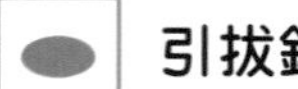

引拔針

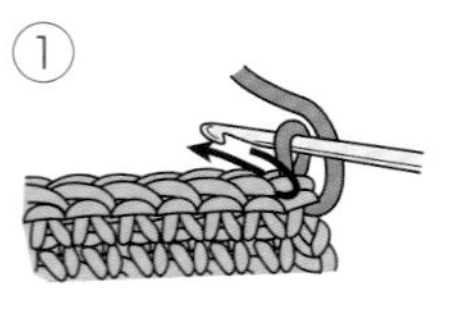

①依照箭頭標示穿入鉤針。

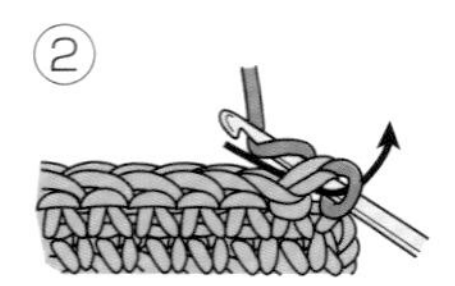

②鉤針掛線一次引拔。

結粒針

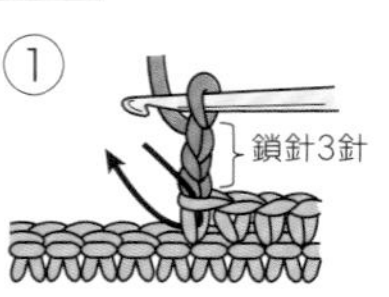
鎖針3針

①鉤3針鎖針，依照箭頭方向入針。

②一次引拔。

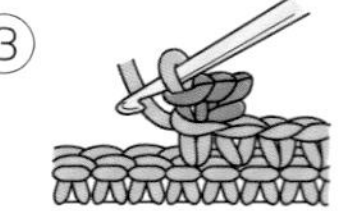

③

短針

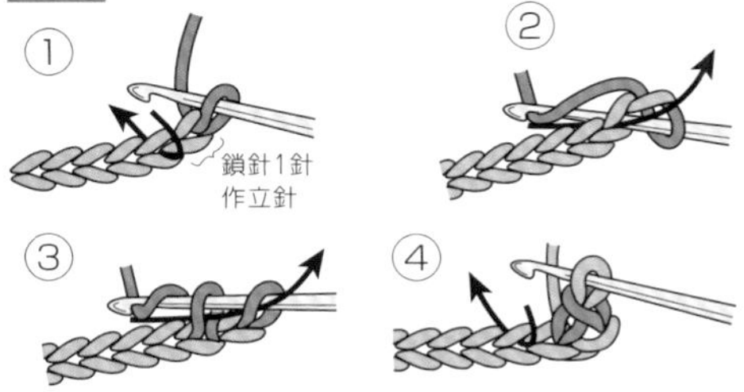

① 鎖針1針作立針

②

③

④

中長針

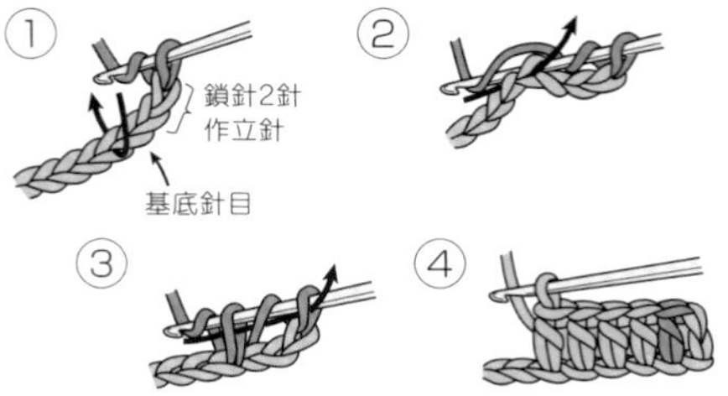

① 鎖針2針作立針 基底針目

②

③

④

長針

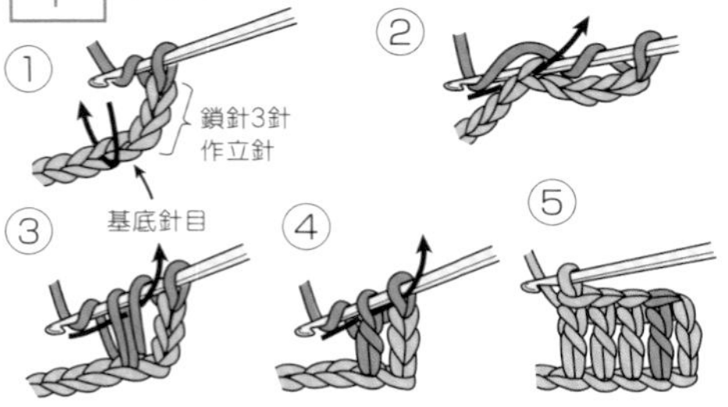

① 鎖針3針作立針 基底針目

②

③

④

⑤

長長針

① 鎖針4針作立針 基底針目

②

③

④

⑤

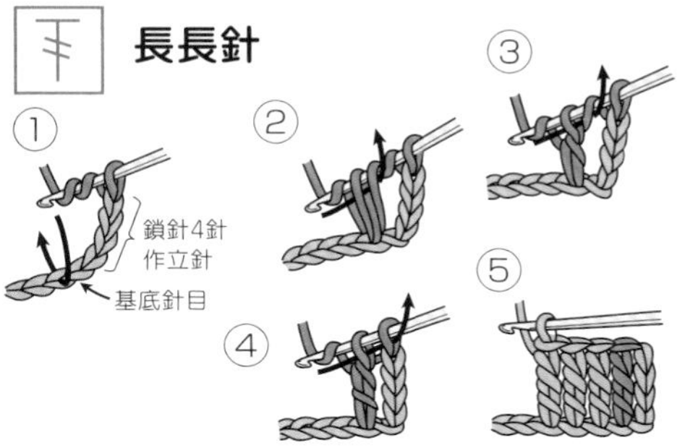

2短針加針

※在相同針目鉤織短針
標示 鉤3針，
4 鉤4針。

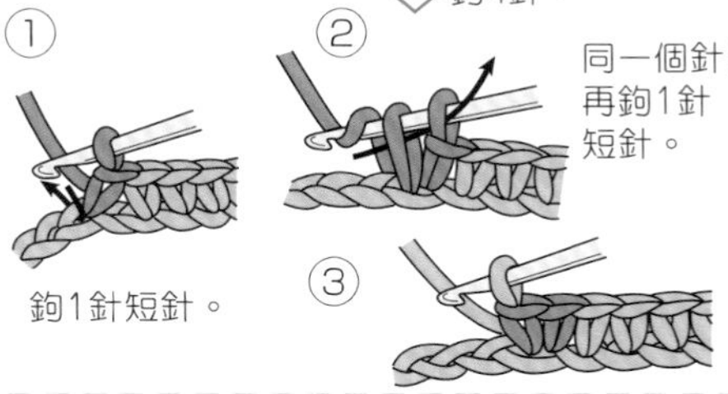

① 鉤1針短針。

② 同一個針目再鉤1針短針。

③

短針2併針

※ 同樣鉤3針未完成的短針後引拔。

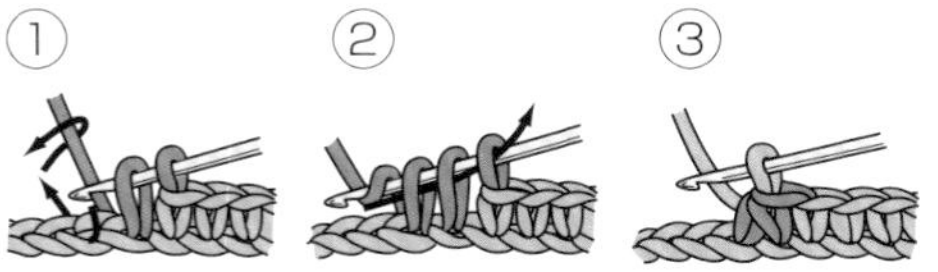

① 鉤2針未完成的短針。

② 2針一次作引拔針。

③ 2針變成1針。

2長針加針

※ 在同樣針目鉤3針長針。

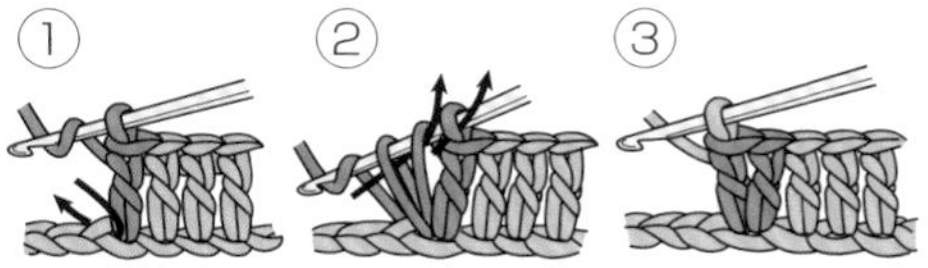

① 鉤1針長針。

②

③ 在相同針目再鉤1針長針。

長針3併針

※ 各鉤2針和4針長針。

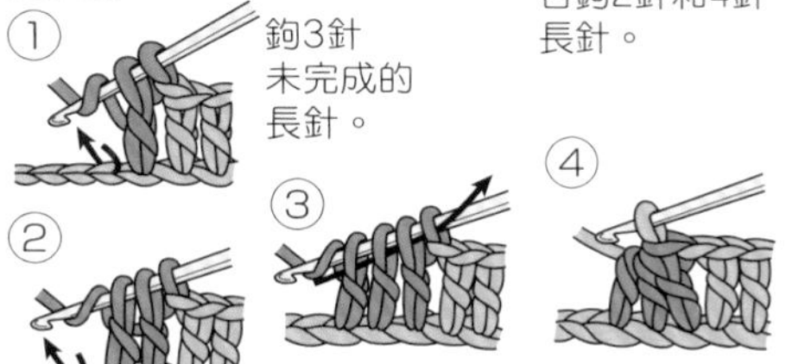

① 鉤3針未完成的長針。

②

③

④ 一次作引拔針。

表引長針

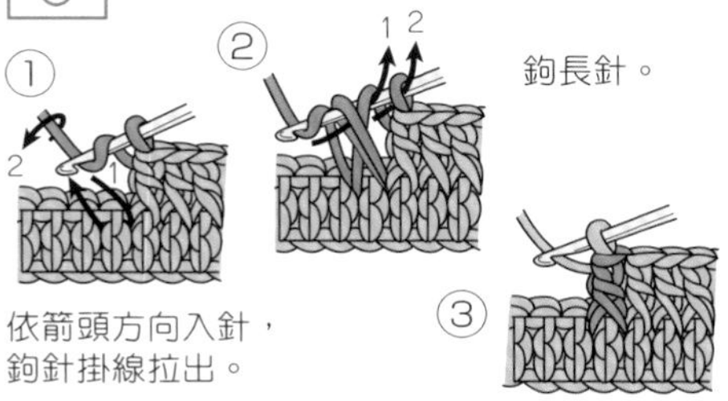

① 依箭頭方向入針，鉤針掛線拉出。

② 鉤長針。

③

3長針的玉針

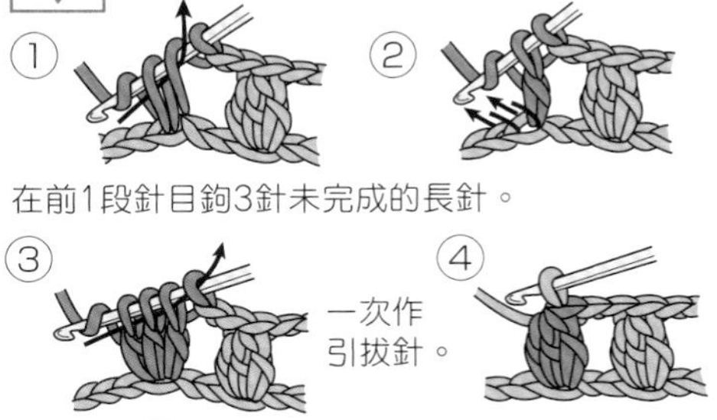

① 在前1段針目鉤3針未完成的長針。

②

③ 一次作引拔針。

④

※標示 鉤2針未完成的長針。
為鉤2針中長針再一次引拔。

3中長針的變形玉針

※ 為同樣針目鉤2針中長針。

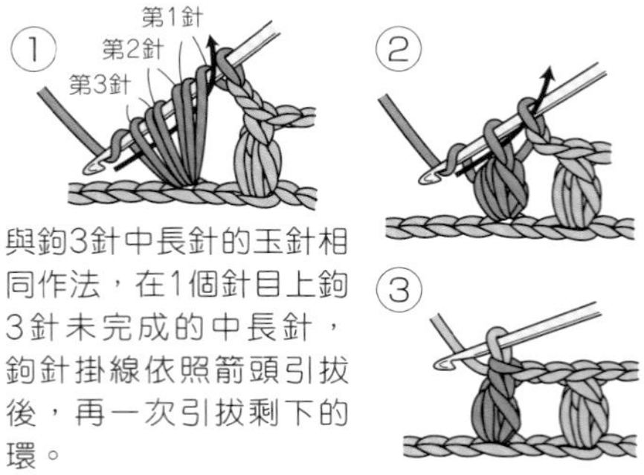

① 第1針 第2針 第3針

與鉤3針中長針的玉針相同作法，在1個針目上鉤3針未完成的中長針，鉤針掛線依照箭頭引拔後，再一次引拔剩下的環。

②

③

5長針的爆米花針

※ 為鉤4針長針。

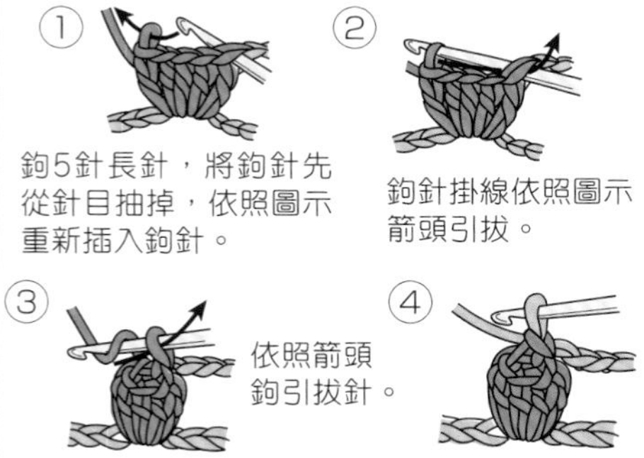

① 鉤5針長針，將鉤針先從針目抽掉，依照圖示重新插入鉤針。

② 鉤針掛線依照圖示箭頭引拔。

③ 依照箭頭鉤引拔針。

④

短針的筋編

※標示 挑前1段頭的鎖針對面側1條線鉤引拔針・中長針・長針

① 挑前1段鎖狀針頭外側1條線入針。

② 鉤短針。

交叉長針（1針鎖針）

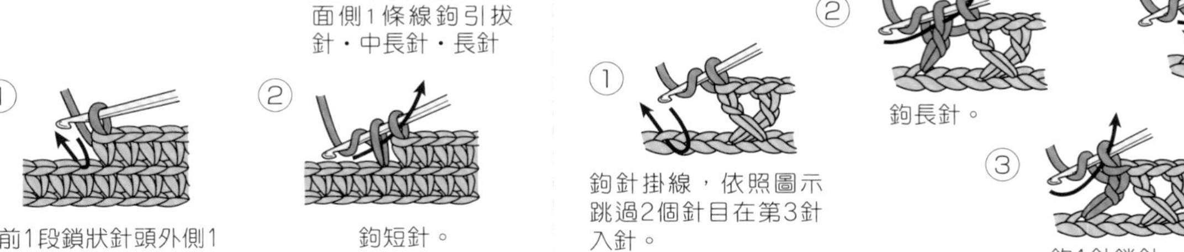

① 鉤針掛線，依照圖示跳過2個針目在第3針入針。

② 鉤長針。

③ 鉤1針鎖針。

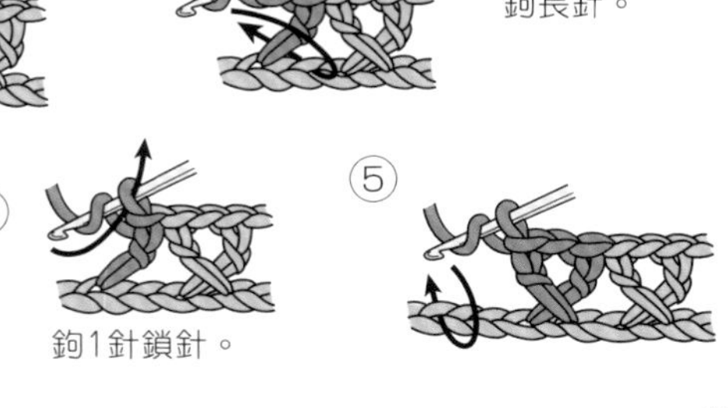

④ 在步驟①針目前2針入針鉤長針。

⑤

＊換色・收尾作法

織片兩端換線方法

…參考P.91

鉤編途中換線方法

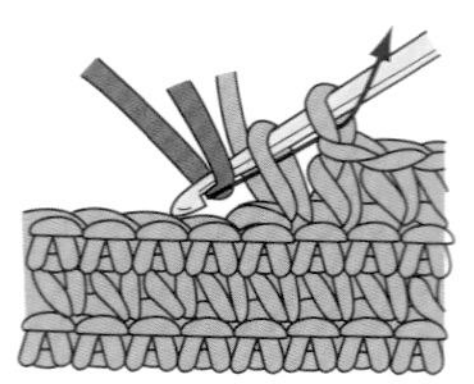

在換線針目前1針最後的引拔時，接上新的線材。

線材收尾處理作法

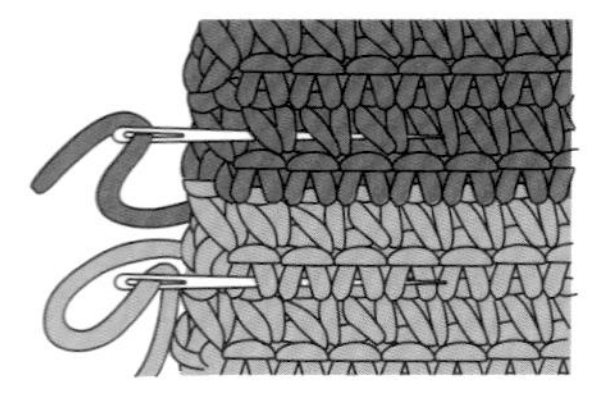

完成作品後將剩餘線段穿過手縫針，在織片背面穿繞針目。

＊併縫

鎖針3針及引拔針的併縫

織片正面或是反面相對，重複鉤引拔針及3針鎖針作併縫接合，「鎖針2針及引拔針併縫」也是相同作法重複引拔針及2針鎖針。

①
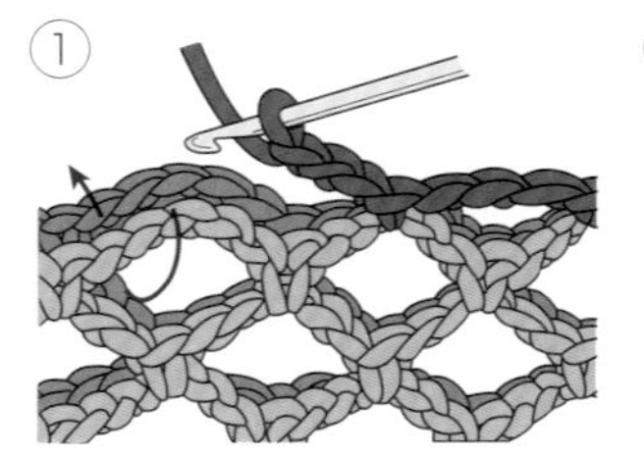

②
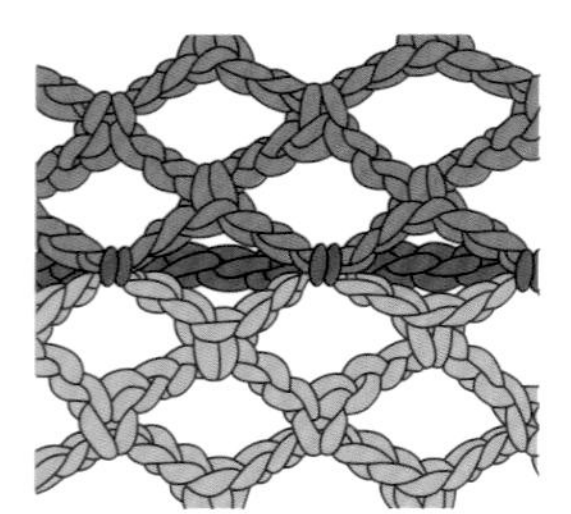

③

＊挑束

挑前1段鎖針針目時，依照下圖箭頭標示將鉤針穿入前段鎖針下方的織法稱作「挑束」。

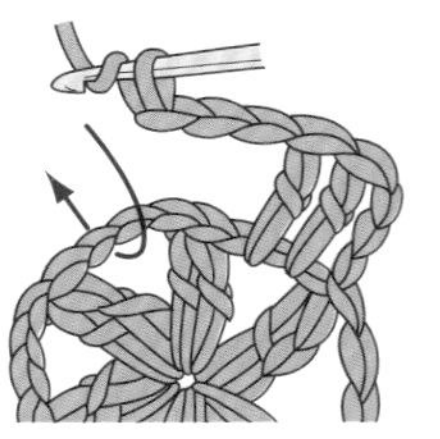

＊連接織片最後1段的作法

鉤引拔針連接作法

從要連接的織片表面入針鉤引拔針。

①
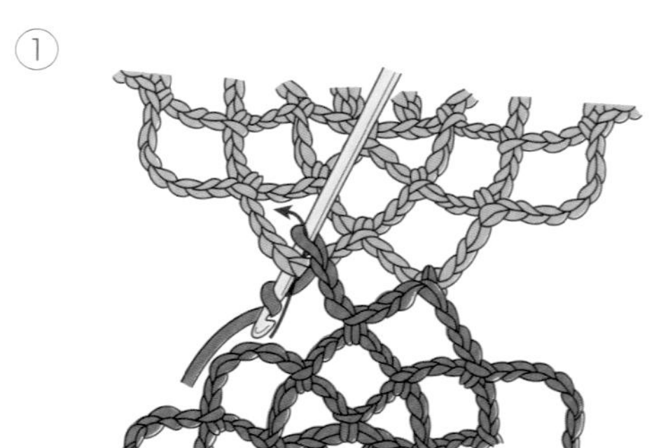

②
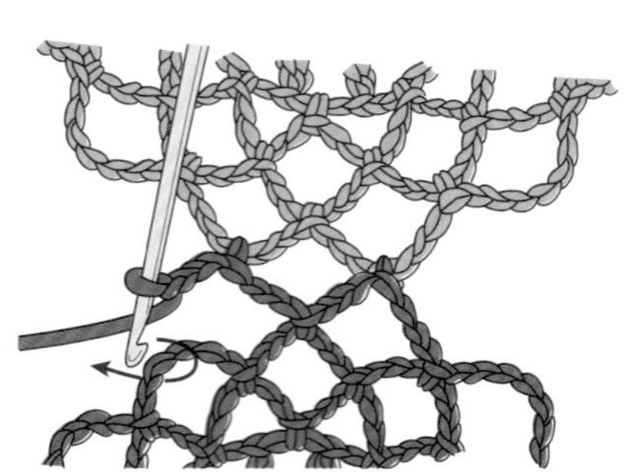

鉤短針連接作法

從要連接的織片背面入針鉤短針。

①
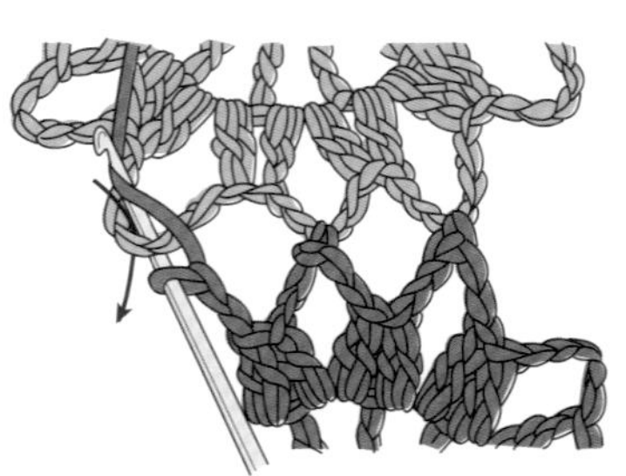

②

＊手縫針法

藏針縫

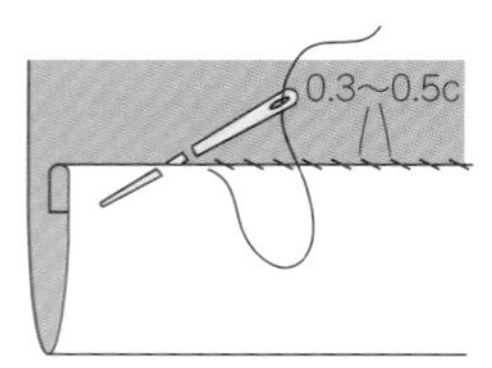
0.3~0.5c

捲針縫

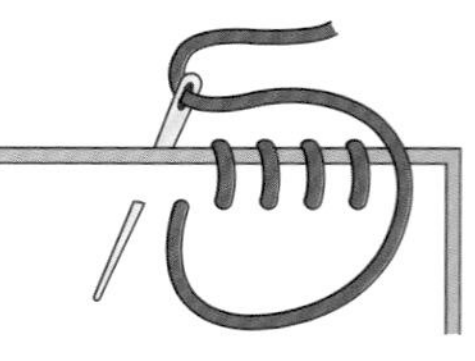

樂・鉤織 05

一眼就愛上の蕾絲花片！
117 款女孩最愛の蕾絲鉤織小物集（暢銷增訂版）

作　　者／深尾幸世 Sachiyo Fukao
譯　　者／莊琇雲 ・ 彭小玲（增訂）
發 行 人／詹慶和
選 書 人／蔡麗玲
執行編輯／黃璟安 ・ 蔡毓玲
編　　輯／劉蕙寧 ・ 陳姿伶
特約編輯／綠耘
執行美編／周盈汝
美術編輯／陳麗娜・韓欣恬
內頁排版／造極
出 版 者／ Elegant-Boutique 新手作
發 行 者／悅智文化事業有限公司 郵政劃撥帳號／ 19452608
戶　　名／悅智文化事業有限公司
地　　址／新北市板橋區板新路 206 號 3 樓
網　　址／ www.elegantbooks.com.tw
電子郵件／ elegant.books@msa.hinet.net 電　　話／ (02)8952-4078
傳　　真／ (02)8952-4084

2021 年 10 月 三版一刷　定價 380 元

Lady Boutique Series　No.3496
KAGIBARI-AMI NO MOTIF BRAID EDGING MOYO-AMI

經銷／易可數位行銷股份有限公司
地址／新北市新店區寶橋路 235 巷 6 弄 3 號 5 樓
電話／ (02)8911-0825　傳真／ (02)8911-0801

國家圖書館出版品預行編目 (CIP) 資料

117 款女孩最愛的蕾絲鉤織小物集：一眼就愛上的蕾絲花片！/ 深尾幸世著；莊琇雲，彭小玲譯． – 三版． – 新北市：新手作出版：悅智文化發行，2021.10
面；　公分． – (樂．鉤織；5)
ISBN 978-957-9623-56-8(平裝)
1. 編織 2. 手工藝

426.4　　109012900

Love knit ……

Love knit……

Love knit……